바다의 천재들

물리학의 한계에 도전하는
바다 생물의 놀라운 생존 기술

LES GÉNIES DES MERS

Written by Bill François, illustrated by Valentine Plessy

Conception graphique et mise en pages : Léa Chevrier

Édition : Christian Counillon, Héloïse Billette

© Flammarion, Paris, 2023

Korean translation Copyright © 2024 Bookhouse Publishers Co., Ltd.

Arranged through Icarias Agency, Seoul

바다의 천재들

물리학의 한계에 도전하는
바다 생물의 놀라운 생존 기술

빌 프랑수아 지음
발랑틴 플레시 그림
이충호 옮김

LES GÉNIES DES MERS

아르케

카메라 뒤에서 유머와 물리학으로
어느 누구보다도 바다의 신비를 더 잘 밝혀내고
물범들의 비밀 언어를 나와 함께 나누는
내 동생 보브에게 이 책을 바친다.

추천의 말

"안 돼요."

누가 추천사를 부탁할 때마다 내 대답은 항상 "안 돼요."이다.

"죄송하지만 안 돼요. 쓸 수 없어요. 일이 너무 많고, 심지어 미용실에 가거나 밤에 잠잘 시간도 없는걸요."

그런데 왜 빌 프랑수아만큼은 예외를 두냐고? 그야 빌 프랑수아는 예외적인 사람이니까. 빌 프랑수아라면 나는 즉각 "예, 할게요."라고 대답한다.

몇 달 전 일이다. 어느 날 저녁, 우리는 자연에 큰 열정을 가진 친구와 함께 셋이서 만났다. 내가 도착하자마자 가엘Gaell이 이렇게 말했다. "아주 놀라운 친구, 빌을 소개할게요. 물고기 떼의 움직임을 물리학적으로 분석한 논문을 썼지요." 그러면서 가엘은 빌의 몸에 손을 뻗었다. 물고기를 모티프로 한 셔츠를 입은 빌은 상냥한 미소와 반짝이는 눈을 가진 남자였다. 솔직히 말하면, 그 순간 나는 바다에 관한 대화는 피해야지 하는 생각이 반사 작용처럼 머리를 스쳤다. 물론 나는 바다를 열정적으로 사랑하지만, 바다는 에트레타(프랑스 노르망디 지역에 있는 작은 해안 마을. 멋진 절벽과 아름다운 자연 경관으로 유명하며, 클로드 모네의 작품에도 많이 나온다.—옮긴이)의 절벽을 침식하듯이 나의 삶도 침식한다는 사실을 늘 명심해야 한다. 나는 혹독하고 치명적인 산업의 착취로부터 바다를 구하기 위해 많은 평일과 저녁 시간, 주말, 그리고 심지어 휴가까지 쏟아붓는다. 그래서 친구들을 만나는 오늘 저녁만큼은 평소와 달리 다른 분야에 관한 대화를 나누고 싶었다. 실제로 처음에 우리는 인공 지능이 우리가 생각하고 글을 쓰고 가르치는 방식에 어떤 변화를 가져올 것인가 하는 흥미로운 주제로 대화에 몰두했다. 빌과 바다는 내게서 멀리 떨어진 곳에 있었다. 몇 주일 동안 강행군을 하느라 기진맥진한 나는 자정이 넘었을 때 그만 일어서려고 했는데, 그러다가 빌과의 대화에 다시 얽혀들고 말았다. 나는 잠자리에 드는 시간이 너무 늦지 않도록 대화를 10분 이상 끌지 않으려고 마음먹었지만⋯⋯ 새벽 세 시가 되어서야 간신히 정신을 차리고 대화를 뿌리치고 일어설 수 있었다. 뭐라고 해야 할까? 그것은 정상적인 대화가 아니었다. 웃음과 외침, 경탄, 크게 뜬 눈, 발견이 온통 뒤범벅된 소용돌이였다. 피로가 싹 사라졌고, 나는 동틀 녘까지도 대화를 이어갈 수 있을 것 같았다. '빌 효과'가 빛을 발했다. 우리는 경이로운 세계로 뛰어들어 관대하고 지성적이고 정확하고 익살스러운 그의 열정, 즉 물고기에 대한 열정을 공유했다. 결국 우리는 오로지 물고기 이야기만 나누었다. 유럽의회의 형편없는 계산과 각국 내각의 냉소주의는 더 이상 이 세상에 존재하지 않았다. 어린 찰스 다윈Charles Darwin을 연상시키는 빌의 생명 사랑은 나를 자연 보호에 대한 열정이 싹트던 순간으로 되돌려보냈다. 그 어떤 것도 대신할 수 없는 이 즐거움, 즉 경이로움을 단순한 단어 몇 개만으로 불러일으키는 능력은 결코 사소한 것이 아니다.

　우리는 나중에 대화를 계속 이어가기 위해 약속을 잡았다. 왜냐하면, 밤새 나눈 대화에도 불구하고, 우리는 아직 그의 논문에 대한 대화는 한마디도 나누지 않았기 때문이다. 나는 참다랑어, 청새치, 황새치에 관해 확실히 밝혀진 사실을 많이 알고 있었지만, 빌이 어떤 사람이고 어떤 일을 하고 있으며, 그 연구를 계속 하고 있는지조차 잘 몰랐다. 그날 저녁에 언급된 추천사 문제는 어쨌든 무조건 '예스'였다.

　다음번 만남 때 나는 '빌 효과'에 감염된 사람이 이미 수천 명이나 된다는 사실을 알게 되었다. 빌은 자신의 논문에 대해 이야기했지만, 웅변대회에서 우승한 것이 계기가 되어 출판 계약을 맺고 작가로 첫발을 내디딘 이야기도 했는데, 그 계약에 한 가지 조건을 달았다고 했다. 그것은 바로 책 제목에 '웅변éloquence'이라는 단어를 포함시켜야 한다는 것이었다. 이렇게 해서 『정어리의 웅변Éloquence de la sardine』이란 책이 세상에 나오게 되었다. 그와 함께 새로운 자연주의 작가가 탄생했다.

　빌은 그다음에 낼 작품인 『바다의 천재들』에 대해 이야기하면서 담당 일러스트레이터가 재능이 아주 뛰어나지만 내성적이라고 하길래, 내가 즉각 "혹시 그 사람, 발랑틴 플레시 아닌가요?"라고 물었다. 그랬다, 바로 그녀였다. 빌은 놀란 표정을 지었고, 나 역시 마찬가지였다.

　이렇게 예상치 못하게 즐거운 우연을 또 만나게 되었다. 그것은 직감을 따르는 게 정답일 때가 많다는 사실을 다시 한 번 확인시켜 주었다. 빌을 알지도 못하는 상태에서, 그리고 그럴 시간이 없었는데도 불구하고, 나는 앞으로 나올 책의 추천사를 쓰기로 계약을 맺었는데, 그 책에 그림을 그릴 사람이 내가 매우 좋아하는 일러스트레이터였다.

빌 프랑수아와 발랑틴 플레시는 모두 생명의 시인이다.

각자 자신만의 독특한 세계에서 모든 생명체와 친밀하고 긴밀한 연결을 형성하면서 풍부한 개인적 우주를 다스린다. 빌은 생체역학 지식을 사용해 생물의 놀라운 재주를 들려주고, 그 세부 사실들을 탐구하고 생물의 마술을 우리 앞에 들춰내 보여준다. 자연의 섬세한 관찰자인 발랑틴 플레시는 에른스트 헤켈Ernst Haeckel의 발자취를 따라 예리한 예술적 재능과 정교한 기법으로 자연을 재현한다.

바다의 천재들에 관한 이 책은 온 페이지에 저자와 일러스트레이터의 생명 사랑이 흘러넘쳐 우리를 감싸며 안내한다. 아름답고 흥미진진하며 엄밀한 동시에 쉽게 읽히면서도 재미있다. 해양 생태계를 잘 안다고 생각하는 사람도 매 페이지마다 배울 것이 있다. 이 책은 경이로움 그 자체이다. 인류가 생물들에게 어디 한번 우리의 파괴적인 광기를 견뎌내고 살아남아 보라고 강요하는 시대에, 이 책은 빌 프랑수아와 발랑틴 플레시의 영감을 통해 독특한 천재 동물들과 함께 우리를 둘러싸고 있는 자연의 경이로운 아름다움을 보여준다.

두 사람에게 감사드린다.

—클레르 누비앙Claire Nouvian(『심해Abysses』 저자)

들어가며

페이지들이 거대하고 다채로운 해초처럼 물속에서 너울거린다. 거기에는 이상한 기호들과 이미지들이 있었다. 농어와 놀래미가 놀란 표정으로 이 물체를 살핀다. 갑오징어가 숨을 헐떡이면서 매우 조심스럽게 페이지들을 넘긴다. 전혀 예상치 못한 이 물체를 관찰하려고 많은 물고기와 갑각류가 사방에서 몰려든다.

가장 먼저 입을 연 것은 참바리였다. 참바리는 항상 먼저 나서려고 하는 경향이 있다. 참바리는 주변에 모인, 비늘로 덮인 동물들에게 이렇게 말했다.

"존경하는 여러분, 여기 있는 이 물체는 우리 시대에 가장 믿기 힘든 발견 중 하나임이 분명합니다. 이것은 저곳 공기 세계에서 이곳으로 떨어졌는데, 어느 모로 보나 지상 세계의 동물들이 복잡한 의사소통 방식을 갖고 있다는 증거로 보입니다."

군중 사이에서는 정적만 감돌았다. 참바리는 계속 말을 이어갔다.

"전문가들의 의견에 따르면, 이것은 책이라고 부르는 물건입니다. 지상 세계의 동물들은 책을 통해 지식을 전달한다고 합니다. 더 정확하게는 사람이라고 부르는 특별한 종이 이런 방식으로 지식을 전달한다고 해요. 여러분도 암초 사이에서 이 종을 자주 보았을 겁니다. 우리는 이들을 잠수부라고도 부르지요."

"잠깐만요." 문어가 조롱하는 어투로 끼어들었다. "잠수부들이 지적인 방식으로 의사소통을 한다는 말인가요? 잠수부가 어떻게 생겼는지 본 적이라도 있나요? 잠수부는 아주 원시적인 존재예요. 거품을 내뿜으면서 빙빙 돌기나 할 뿐이지요. 그들은 진화가 덜 된 동물이어서 독성 물질을 살갗에 발라야만 해로운 햇빛으로부터 피부를 보호할 수 있다고요! 물론 그들이 손발로 서투른 사인을 주고받는 모습은 여러 차례 목격되었지요. 그 단계에서 정교한 의사소통 방식 단계로 훌쩍 건너뛰었다는 주장은 결코 진지한 분석이라고 할 수 없어요. 잠수부에게 지능이 발전하는 것보다 해파리에게서 이빨이 진화하는 것이 더 빠를 거예요."

군중 사이에 킥킥거리는 소리가 울려퍼졌다. 참바리가 다시 말을 이어갔다.

"놀랍게 들리겠지만, 이것은 사실입니다. 우리가 자주 마주치는 한 잠수부가 배 갑판에서 이 책을 다시 읽고 주석을 다는 모습이 목격되었습니다. 그러다가 돌풍이 부는 바람에 책이 물속으로 떨어졌지요. 우리의 훌륭한 전문가들이 즉시 그것을 분석했는데, 그 결과는 기존의 상식에서 완전히 벗어나는 것이었지요."

인어와 해마가 참바리의 편을 들고 나섰다. 인어는 이렇게 주장했다.

"철저히 분석했더니, 그 책에는 단지 이런저런 정보만 들어 있는 게 아니라, 우리에 관한 내용도 들어 있었어요. 인간은 우리의 비밀을 많이 해독한 것으로 보여요. 그 책은 『바다의 천재들』이란 제목을 달고 있는데, 우리가 사는 바닷속 세계에 대해 알아낸 지식을 퍼뜨리려는 목적으로 쓴 것이에요. 인간은 아주 많은 것을 알아냈어요."

"장담하건대, 물속에서 50분 이상 머무는 법도 알아내지 못한 그들이 내 빨판의 작용 원리를 알 리가 없어요! 우리가 어떤 존재인가요?" 문어가 냉소를 지으며 말했다.

"그들은 빨판이 어떻게 작용하는지 알 뿐만 아니라, 당신의 몸 색깔이 어떻게 변하는지도 자세히 설명해요. 즉, 색소세포의 작용 원리를 설명할 뿐만 아니라, 심지어 당신의 꿈까지 해석할 지경에 이르렀어요." 인어가 차분하게 대꾸했다.

문어의 낯빛이 창백하게 변했다. 인어는 말을 이어갔다.

"인간은 우리의 매우 비밀스러운 기술 몇 가지를 해독했어요. 향유고래의 수중 음파 탐지기, 상어의 흡입 주둥이, 멸치의 투명 망토는 더 이상 그들에게 비밀이 아니에요. 심지어 청자고둥의 소스 코드(컴퓨터 프로그램을 사람이 읽을 수 있는 프로그래밍 언어로 기술한 텍스트 파일)까지 알아냈어요."

"도대체 이 모든 정보를 어떻게 알아낸 거죠?" 문어가 물었다. "우리 중 어느 누구도 그 비밀을 알려주지 않았는데 말이죠."

"그들은 아주 효율적인 연장통을 갖고 있는 것 같아요. 그들은 그것을 과학이라고 부르지요. 그중 한 분야인 생물학은 일종의 확대경 역할을 해요." 해마가 대답했다. "그들은 생물학을 사용해 우리 각자를 분류하고, 모든 부분의 기능을 자세히 기술하지요. 그리고 그들은 또 확대경과 정반대되는 연장도 사용하는데, 그것을 물리학이라고 불러요. 물리학을 사용해 그들은 아주 멀리서 사물들을 볼 수 있고, 그 덕분에 모든 개체의 행동을 관통하는 비밀의 법칙을 알아낼 수 있지요."

"그것은 내 눈에 있는 렌즈, 즉 수정체와 비슷하지 않나요? 나는 수정체를 조절해 가까이 있거나 멀리 있는 물체를 자유자재로 볼 수 있지요." 문어가 물었다.

"맞아요. 게다가 그들은 바닷속에 사는 거의 모든 동물의 수정체도 분석했어요."

"잠깐만요." 가시발새우가 불안한 표정으로 말했다. "이것은 대단한 발견이긴 하지만, 지금 우리는 위험한 상황에 처한 게 아닌가요? 그러니까…… 만약 인간이 우리의 능력을 안다면, 그 모든 능력을 독점할 수 있지 않을까요? 그리고 그들이 그것을 합리적으로 사용하리라는 보장이 있나요? 전기가오리의 예를 보세요. 전기가오리는 전기 방전을 먹이를 구하거나 방어를 위해서만 사용해요. 그런데 어느 날 인간이 전기가오리를 실험실로 데려가 자세히 관찰하더니…… 그들은 전지를 만들고, 축전지를 만들고, 지금은 전기 바비큐 그릴을 사용할 뿐만 아니라, 심지어 세상에서 가장 깊은 해저인 마리아나 해구에 전기로 작동하는 로봇까지 보내고 있어요! 만약 그들이 이처럼 우리의 발명품을 하나씩 약탈해가는 상황이 계속 진행된다면, 나중에 어떤 일이 벌어질까요?"

"그 말이 맞아요!" 다랑어가 으르렁거리듯 말했다. "인간은 우리가 떠다니는 물체 주위에 몰려다니며 헤엄친다는 사실을 알고 나서는 인도양에서 우리를 가차없이 추적하며 사냥하기 시작했어요. 그것은 말 그대로 학살이에요! 인간이 더 많이 알수록 인간은 더 위험한 존재가 되어요!"

"그리고 어리석은 믿음에 빠져 우리의 힘을 얻으려고 우리를 사냥하는 사람들도 있어요!" 귀상어가 덧붙였다.

"나도 여러분의 염려에 동의합니다." 참바리가 대답했다. "잠수부는 그다지 많이 진화하지 않았고, 다른 종들에게서 얻은 지식을 사용하는 방식도 결코 합리적이라고 할 수는 없어요. 하지만 우리의 발명품은 그들이 더 나아지는 데 도움을 줄 수 있어요. 그들이 섬광을 내는 가오리를 모방할 필요는 없겠지만, 탄소를 축적해 기후 변화를 되돌리는 데 도움을 주고 생태계 전체에 영양을 공급하는 크릴에게서 영감을 얻을 수 있어요. 혹은 에너지 효율이 높은 유리 건물을 짓는 해면동물에게서 영감을 얻을 수도 있겠죠. 좋은 선택을 하기만 한다면, 그것은 그들의 삶에 도움이 될 테고, 우리의 삶에도 도움이 될 수 있어요."

"이 지식은 그들의 내면까지도 바꿀 수 있어요." 인어가 덧붙였다. "인간은 항상 자연의 무질서 속에서 질서를 찾으려 노력했고, 또 그것을 모방하려고 했지요. 그리고 자연의 법칙을 발견했다고 생각할 때마다 그것을 스스로에게 적용했어요. 다윈이란 과학자가 자연선택과 진화의 원리를 알아내자, 그들은 시장과 경제 법칙에도 그 원리를 적용하려고 시도했지요. 그리고 종들이 서로 도우면서 공생 관계로 살아간다는 사실을 발견하고서는 이에 영감을 얻어 협력을 위한 사회 법칙을 만들었지요. 요컨대 우리의 발명은 인간에게 더 강력한 파괴의 힘을 주는 동시에 더 나은 길을 가도록 영감을 줄 수도 있어요. 하지만 우리는 그들의 선택에 관여할 수 없어요."

"만약 그들이 우리가 아는 것을 전부 안다면 어떻게 될까요?" 가시발새우가 불안한 기색을 감추지 못하며 말했다. "만약 그들이 우리의 가장 은밀한 비밀까지 알아내 활용한다면? 그들이 얼마나 어마어마한 힘을 가질지 상상이 가나요? 그들은 마른 땅과 해안 지역을 정복한 것처럼 수중 세계까지 모조리 지배하게 될 거예요."

"그건 걱정하지 않아도 돼요." 인어가 미소를 지으며 대답했다. "그들은 아직도 멀었어요! 이 책의 저자 자신도 인간이 아는 해양 생물은 전체의 10%도 안 된다고 인정하니까요. 그리고 여기서 '안다는' 것은 어떤 종의 표본을 발견하고 거기에 이름을 붙였다는 뜻에 불과해요."

"따라서 미숙한 잠수부들은 우리가 그들의 책을 읽고 해독했다는 사실을 절대로 알지 못할 거예요." 참바리가 말했다. "그리고 우리가 이렇게 함께 모여 그것에 대해 어떤 논의를 하는지도(또한 눈꺼풀이 없는 내가 어떻게 윙크를 할 수 있는지도) 알 도리가 없지요."

"그리고 나에 대해 말하자면, 그들은 내가 실제로 존재하지 않는다고 생각해요!" 인어가 크게 웃음을 터뜨리면서 말했다.

"그것 봐요. 내가 그렇게 말했잖아요. 인간은 그렇게 똑똑하지 않다니까요. 그들이 우리의 비밀을 다 알아내려면 아직 한참 멀었어요." 문어가 말했다.

차례

1부   **헤엄**   **작은 움직임에서 장거리 여행까지**

2부   **수중 환경**   **깊고 넓은 물속을 누비는 존재**

3부   **경계면**   **물과 공기 사이의 경계**

1부

헤엄

작은 움직임에서 장거리 여행까지

$$\rho \frac{D\vec{V}}{Dt} = -\nabla p + \rho\vec{g} + \mu \nabla^2 \vec{V}$$

난해해 보이는 이 공식은 나비에-스토크스 방정식이다. 이 방정식은 여러 가지 힘이 작용하는 상황에서 물이 어떻게 움직이는지 계산하는 데 쓰인다. 다만 문제가 하나 있는데, 지금까지 이 방정식을 푸는 데 성공한 사람은 아무도 없다!

다시 말해서, 물고기는 헤엄을 치지만…… 정확하게 어떻게 헤엄을 치는지 아는 사람이 아무도 없다는 뜻이다!

유체의 운동을 지배하는 역학은 아직도 불가사의한 점이 많다. 하지만 물고기에게는 이 경험 과학이 전혀 문제가 되지 않는 것처럼 보인다. 물고기는 유체역학에 통달한 것처럼 보이며, 수중 환경의 여러 가지 힘을 자유자재로 부리면서 이리저리 돌아다니고, 수영 부문 세계 신기록을 세우고, 아주 먼 거리를 이동한다. 그러면서 우리에게 무한한 영감의 원천을 제공한다.

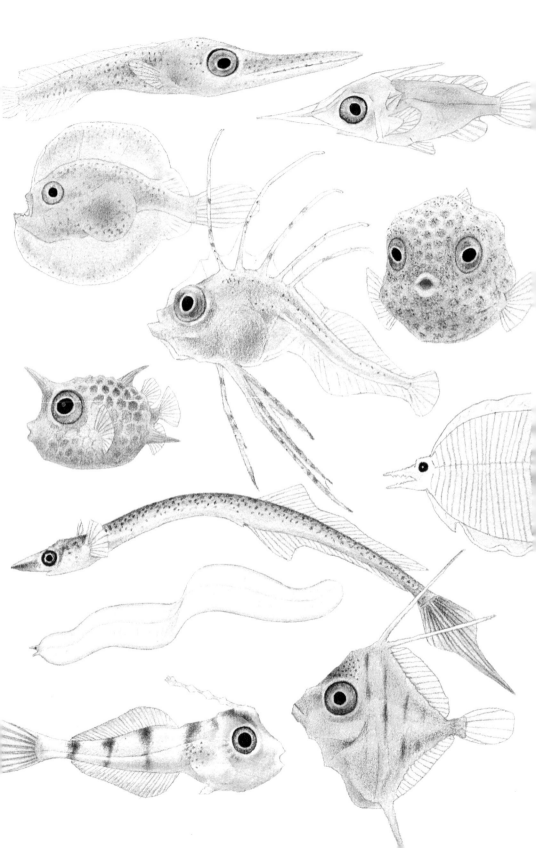

치어

먼 여행에 나서는 어린 물고기

"작은 물고기가 물속에서 헤엄을 치네. 큰 물고기만큼이나 잘 헤엄치네." 이 동요(<물 속의 작은 물고기Les petits poissons dans l'eau>)는 대다수 프랑스 사람들에게 수중 세계를 맨 처음 접한 기억으로 남아 있을 것이다. 하지만 환상을 깨서 미안하지만, 이 가사는 거짓말이다!

크기 차이

만약 이 동요를 물고기 언어로 번역해서 들려준다면, 물고기들은 배를 잡고 웃을 것이다. 왜냐하면 작은 물고기는 큰 물고기만큼 헤엄을 잘 치지 못하기 때문이다. 헤엄은 물고기의 생애에서 매우 어려운 일 중 하나이다. 물고기는 자라면서 헤엄치는 법을 계속 배우고 또 배우는데, 그때마다 헤엄치는 방법이 달라진다.

물고기 세계는 '작은' 물고기와 '큰' 물고기로 나눌 수 있다. 큰 물고기 중에는 아주 거대한 것도 있는데, 고래상어나 개복치처럼 몸무게가 수 톤이나 나가는 것도 있고, 심해에 사는 리본이악어(산갈치의 한 종류)처럼 길이가 11m나 되는 것도 있다. 반면에 작은 물고기 중에는 아주 작은 것도 있다. 가장 작은 난쟁이망둑어는 다 자라도 새끼손톱만 한 크기에 불과하다. 그리고 대다수 물고기는 아주 작은 알에서 태어난 뒤 평생 동안 자라기 때문에, 살아가는 동안 몸 크기 변화가 아주 심하다. 거대한 참다랑어나 개복치도 처음에는 좁쌀만 한 알에서 나와 쌀알만 한 크기로 생애를 시작한다!

만약 사람이 똑같은 비율로 성장한다면, 다 자란 어른은 에펠탑 만 한 크기가 될 것이다. 반면에 태어나는 아기는 핀 대가리만큼 작을 것이다.

꿀 속에서 헤엄치기

살아가는 동안 몸무게는 10만 배, 몸길이는 1000배나 커지는 물고기는 자라면서 매 단계마다 서로 아주 다른 물리학 법칙을 경험하게 된다. 이들이 경험하는 세계는 헤엄을 치기 시작하는 순간 극적으로 변하기 시작한다. 막 태어난 물고기는 너무나도 작아서 사실상 헤엄을 전혀 칠 수 없다.

우리는 헤엄을 칠 때 액체의 관성을 이용해 추진력을 얻어 앞으로 나아간다. 하지만 이 방법은 몸이 어느 정도 커야만 효과가 있다. 헤엄을 치는 데 필수적인 물의 추력과 흐름은 헤아릴 수 없이 많은 물 분자들의 집단적 움직임의 결과이기 때문인데, 우리가 보고 느끼는 것은 개개 물 분자의 효과가 아니라 전체 집단의 효과이다. 개개 물 분자의 효과는 너무나도 미약해서 우리에게 아무 영향도 미치

대서양타폰 *Megalops atlanticus*

몸길이가 2m가 넘는 대서양타폰의 어린 시절 모습이 이렇게 기묘한 생김새의 반투명한 댓잎장어라고 짐작한 사람이 있을까? 심지어 그 몸길이도 겨우 몇 센티미터에 불과하다!

지 않는다. 반대로 너무 작은 동물은 개개 물 분자의 효과에서 자유로울 수 없다. 그것은 마치 아이들이 노는 볼풀ball pool(일정한 공간에 작고 푹신한 공을 가득 채워 마치 물속에서 헤엄치듯 놀 수 있도록 만든 시설)에서 헤엄을 치는 것과 비슷하다. 작은 물고기의 관점에서 볼 때 물은 한 덩어리로 움직이는 유체가 아니라, 무질서하게 움직이는 물 분자들의 집단이고, 그것을 헤치고 앞으로 나아가야 한다. 그리고 작은 물고기일수록 '공'들을 밀어내기가 더 힘들기 때문에 나아가는 속도가 느려진다. 게다가 알에서 막 나와 몸길이가 수 밀리미터에 불과한 물고기에게 물은 점성이 매우 높은 물질처럼 느껴진다. 우리가 물고기라면 마치 끈적끈적한 꿀 속에서 헤엄치는 듯한 느낌이 들 것이다.

평영은 그림 속의 떡

꿀 속에서 헤엄치는 것은 결코 쉬운 일이 아니다. 작은 수생 동물은 물의 큰 저항에 압도당해 아주 작은 추진력도 얻기가 어렵다. 그래서 늘 물의 큰 저항을 받고 살아가는 이들은 작은 몸 크기에 맞춰 특별한 헤엄 기술을 발달시켜야 한다.

평영이나 자유형, 접영 같은 것은 생각도 할 수 없다. 몸이 너무 작으면 다른 방법을 생각해야 한다. 더 작을수록 더 교묘한 헤엄 기술이 필요하다. 예를 들면, 길이가 50마이크로미터(1마이크로미터는 100만분의 1미터)에 불과한 정자 세포는 물고기와 같은 방식으로 헤엄칠 수 없다. 대다수 사람들은 정자 세포가 올챙이나 뱀장어처럼 꼬리(편모)를 흔들며 앞으로 나아간다고 생각한다. 하지만 이것은 틀린 생각이다. 정자 세포처럼 아주 작은 존재가 이런 식으로 헤엄친다면, 앞으로 한 발짝도 나아가지 못하고 제자리에 머물러 있을 것이다. 정자 세포의 입장에서는 물은 점성이 아주 높은 반죽과 같아서 그 저항을 헤치고 나아가기가 매우 어렵다. 정자 세포가 앞으로 나아가려면 편모를 나사돌리개처럼 사용해야 한다.

나머지 작은 생물들도 모두 마찬가지다. 조류藻類와 동물 플랑크톤, 온갖 수생 유충, 어린 물고기…… 이들에게 바다는 끈적끈적한 젤리와 같으며, 따라서 이들이 헤엄을 치는 방법은 우리와 전혀 다르다. 이들은 기어가거나 무엇에 매달리거나 빙빙 돌면서 나아가야 한다. 그리고 어린 물고기는 몸이 자라면 이제 물은 이전보다 더 가

넓고 점성이 낮은 유체로 느껴지기 때문에 헤엄치는 법을 다시 배워야 한다. 어른이 어린아이보다 볼풀을 훨씬 쉽게 헤치고 나아가는 것처럼 이제 물고기는 높은 점성의 저항에서 해방되어 물속을 미끄러져 나아가면서 추진력을 얻고 노를 저을 수 있다. 다시 말해서, 진짜 헤엄을 치게 되는 것이다!

작은 괴물들

갓 태어난 물고기는 이동 방식이 어른의 그것과 아주 달라야 하기 때문에 그 방식에 적응된 형태를 갖춰 그 생김새가 어른과 아주 다르다. 그런데 그 차이가 너무나도 커서 알에서 막 나온 새끼를 보고서 다 자란 어른 물고기의 모습을 제대로 짐작하기가 쉽지 않다. 어류학자들은 알에서 깬 지 얼마 안 된 어린 물고기를 다 자란 물고기와 구별해 치어稚魚라고 부른다.

점성이 크고 움직임이 느린 세상에서 살아가는 치어는 몸이 둥글고 이빨 모양의 돌기와 가시로 뒤덮여 있으며, 머리가 아주 크다. 부모처럼 호리호리하고 끝이 뾰족한 유선형 형태는 점성이 아주 큰 아교 같은 물속을 헤치고 나아가는 데 아무 도움이 되지 않는다.

그래서 개복치 치어는 몸 뒤쪽으로 삼각형 모양의 광선이 뻗어나가는 후광에 둘러싸인 태양처럼 생겼고, 황새치 치어는 기다란 주둥이가 아직 발달하지 않아 악어 비슷하게 생겼으며, 정어리 치어는 몸이 실처럼 가느다랗고 날카로운 이빨을 가진 용처럼 생겼다. 치어

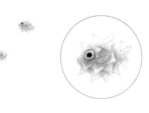

개복치 *Mola mola*

개복치 치어(5mm)는 작은 태양처럼 생겼다. 다 자라면 몸무게가 2톤을 넘어 세상에서 가장 큰 경골어가 된다. 갓 태어났을 때와 비교하면 몸무게가 약 6000만 배나 불어나는 셈인데, 이것은 동물계 전체를 통틀어 보더라도 현기증 날 만큼 엄청난 성장에 해당한다.

와 어른 물고기의 이 큰 차이 때문에 과학자들은 오랫동안 일부 종의 생식을 제대로 파악하는 데 큰 어려움을 겪었다. 부모 물고기와 새끼 물고기를 같은 종으로 연결 짓지 못했기 때문이다. 예컨대 봄철에 해안으로 몰려오는 버드나무 잎 모양의 반투명한 댓잎장어가 뱀장어 치어라는 사실이 밝혀진 것은 20세기 초에 이르러서였다.

치어를 제대로 파악하는 것은 특정 종의 산란지를 찾아내고 그 성장을 이해하는 데 아주 중요할 뿐만 아니라, 수족관과 양식장에서도 중요하다. 사실, 야생에서 포획한 표본으로 물고기를 기르려고 한다면, 다 자란 물고기보다는 치어를 잡아 기르는 편이 훨씬 낫다. 알에서 나오는 수천 마리의 치어 중에서 살아남아 어른으로 자라는 것은 극소수에 불과하다. 따라서 치어 몇 마리를 잡는다고 하더라도 그 개체군의 미래에 미치는 영향은 극히 미미한데, 어차피 치어는 살아남을 확률이 아주 낮기 때문이다. 반면에 운 좋게 살아남아 어른이 되어 생식을 할 단계에 이른 물고기를 한 마리 잡는 것은 전체 개체군에 훨씬 큰 영향을 미친다!

불가사의한 GPS

일반적으로 물고기는 간식을 가방에 가득 채우고 등교하는 초등학생처럼 삶을 시작한다. 정확히는, 가방이 아니라 영양분이 많은 노른자위(난황)가 가득 찬 난황 주머니인데, 이 주머니는 배 아래쪽에 붙어 있다. 영양분 저장고인 난황 주머니는 태어난 후 몇 시간 혹은 며칠 동안 치어의 몸에 붙어 있다. 그래서 그동안은 따로 먹이를 섭취하지 않아도 충분히 살아갈 수 있다. 심지어 치어는 숨을 쉴 필요도 없다. 크기가 너무 작아서 자연적으로 피부를 통과해 흡수되는 산소만으로도 살아가는 데 아무 지장이 없다. 며칠이 지나면 치어는 아가미가 발달해 첫 번째 먹이를 사냥하기 시작한다. 그리고 운명에 따라 어느 장소로 이동해 그곳에 자리를 잡고 살아간다.

대부분의 물고기 알은 물속 깊은 곳에서 산란되어 물결의 흐름에 따라 이리저리 휩쓸리며 이동한다. 물론 쑤기미를 비롯해 어미가 둥지에서 알을 품는 종도 일부 있지만, 이것은 물고기 사이에서 일반적인 행동이 아니다. 깊은 바닷속에서 부모에게서 버림을 받은 채 태어난 새끼 물고기는 장차 자신이 살아갈 서식지를 스스로 찾아가야 한다. 그 길을 알려주는 선천적 지식이 새끼 물고기에게 어떻게 전달되는지는 알려진 바가 거의 없다. 한 번도 만난 적이 없는 부모나 동료가 그것을 가르쳐줄 리도 만무하다. 그럼에도 불구하고, 어린 물고기는 놀라운 능력으로 자신의 고향을 찾아간다.

치어가 고향을 찾아가는 여행은 실로 경이롭다. 쌀알만 한 크기의 새끼 물고기는 변변치 못한 헤엄 솜씨로 뻑뻑한 마요네즈 같은 물속을 헤쳐나가다가 넓은 바다의 소용돌이에 휘말려 길을 잃기도 한다. 그럼에도 불구하고 최고의 항해사도 꿈만 꿀 수 있는 최적의 경로를 따라 수천 km나 떨어진 쾌적한 환경의 산호초를 찾아간다!

치어는 우선 태양의 위치로 가야 할 방향을 파악하고, 그다음에는 아주 먼 곳에서 들려오는 해안의 소음과 같은 종의 물고기가 내는 소리를 듣고서 길을 찾아가는 것으로 보인다. 하지만 몸이 너무나도 작아서 헤엄을 치더라도 앞으로 나아가는 효과가 극히 미미하며 해류에 휩쓸려 엉뚱한 데로 떠밀려갈 가능성도 매우 높다. 그런데도 작은 새끼 물고기는 어떻게 목적지를 향해 계속 나아갈 수 있을까? 우리조차도 태평양 한가운데에서 홀로 작은 배를 타고 노를 저어 나아간다면 육지에 무사히 도달할 확률이 매우 낮은데 말이다. 설령 나침반이 있다 하더라도, 해류는 우리를 목적지와 완전히 동떨어진 곳으로 데려갈 것이다.

목적지까지 가기 위해 치어는 가장 성능이 좋은 컴퓨터에 내장된 알고리듬보다 더 효율적인 알고리듬을 사용하는 것처럼 보인다. 이 알고리듬은 해류와 결합해 목적지에 가까운 곳으로 데려다주는 방식으로 헤엄을 치게 한다. 물론 치어는 바다의 소용돌이에 이리저리 휩쓸리지만, 적절한 순간에 지느러미를 약간 퍼덕임으로써 결국은 무사히 목적지에 도착한다. 치어의 여행은 아직도 흥미로운 발견이 많이 남아 있는 수수께끼이다.

하나로 연결된 바다 네트워크

물고기가 알을 아무 데나 무차별적으로 마구 낳는 전략은 바다 전체의 동물상에 영향을 미친다. 사실, 많은 종—물고기뿐만 아니라 산호와 온갖 종류의 바다 동물—은 알을 무작위로 물속에다 뿌린다. 이론적으로는 깊이와 온도 조건만 맞는다면, 이들은 바다의 어떤 장소라도 자신의 서식지로 만들 수 있다. 육지에서는 산과 강 같은 장애물 때문에 서식지가 특정 장소에 국한된 토착종이 많이 존재한다. 바다에서 물속에 알을 마구 뿌리는 동물들에게는 개체군들의 혼합을 방해하는 장애물이 딱 하나뿐인데, 그것은 바로 전 세계의 바다를 크게 대서양과 인도-태평양의 두 지역으로 나누는 대륙들이다.

이처럼 치어가 확산하기 좋은 조건 덕분에 전체 바다는 연안 서식지들이 서로 의사소통을 하고 물물교환이 일어나는 일종의 거대한 네트워크처럼 서로 연결돼 있다. 몰디브의 산호초는 파랑비늘돔(앵무고기라고도 함) 치어를 오스트레일리아의 그레이트배리어리프로 보내 그곳에서 자라게 한다. 하와이의 흰동가리가 낳은 치어는 폴리네시아에서 자란다. 헤엄도 제대로 못 치는 어린 물고기들은 이렇게 먼 바다를 여행하면서 우리의 쾌속 범선들이 지구를 정복하기 오래전에 이미 지구를 정복했고, 소셜 네트워크가 등장하기 오래전에 이미 자신들의 네트워크를 이렇게 촘촘하게 구축했다!

황다랑어
Thunnus albacares

청새치
Kajikia audax

꼬치삼치
Acanthocybium solandri

원양 어류

원양 경주 챔피언

다랑어는 저 멀리 뻗어 있는 수평선 너머의 넓은 바다를 항상 여행하면서 일생을 보낸다. 오늘은 코르시카섬, 내일은 에스파냐에 들렀다가 한 달 만에 대서양을 횡단한다. 이 대단한 지구력의 비밀을 탐내지 않을 운동선수가 있을까? 그 마법의 묘약은 무엇일까?

길 위의 삶

사실, 다랑어는 헤엄의 챔피언이 될 수밖에 없는데, 그것 말고는 선택의 여지가 없기 때문이다. 다랑어는 심지어 잠잘 때를 포함해 늘 쉬지 않고 헤엄을 쳐야 하는 운명을 타고났다. 그러지 않으면 물속으로 가라앉아 익사하고 말기 때문이다!

금붕어처럼 바닥 가까이에서 살아가는 물고기는 물을 빨아들여 순환시키는 동시에 아가미를 열심히 퍼덕임으로써 숨을 쉰다. 하지만 다랑어는 아가미를 적극적으로 퍼덕일 능력이 없어, 입을 벌린 채 빨리 달림으로써 물이 아가미를 지나가게 한다. 그래서 잠을 자면서도 헤엄을 쳐야 하고, 어느 순간에도 절대로 헤엄을 멈춰서는 안 된다.

이것은 불운한 운명처럼 보이지만, 사실은 넓은 바다에서 살아가는 운명에 잘 적응한 결과이다. 진화는 다랑어에게 넓은 바다에서 살아가는 데 적합한 조건을 선사했다. 다랑어는 먹이가 풍부하게 널린 수역을 쉬지 않고 돌아다니며 수많은 멸치를 폭식해 근육에 영양을 공급한다. 다랑어들이 먹이를 폭식하는 장면은 매우 인상적이다. 배고픈 다랑어들이 수면에서 먹이를 마구 집어삼키며 만찬을 즐길 때에는 사방 수 킬로미터에 이르는 바다가 거품으로 뒤덮이며 끓어오른다. 젊은 다랑어는 매일 자기 몸무게와 맞먹는 먹이를 집어삼킨다. 몸무게는 매년 두 배씩 불어난다. 그리고 더 많이 먹기 위해 늘 더 빨리 그리고 더 멀리 헤엄친다.

다랑어 외에도 같은 생활 방식을 공유하면서 넓은 바다를 종횡무진 달리는 바다 동물이 많다. 예컨대 돛새치와 청새치, 황새치뿐만 아니라, 만새기와 꼬치삼치, 그리고 다랑어의 축소판이나 다름없는 고등어 등이 있다. 이들은 넓은 바다를 질주하는 물고기들로, 평생을 길 위에서 여행을 하면서 보낸다. 이들을 원양 어류라 부른다.

물속에서 날아가는 물고기

헤엄을 빨리 치려면 노력만으로는 부족하며, 상당한 기술이 필요하다. 다랑어를 비롯한 원양 어류는 아주 효율적인 헤엄 방법을 개발했는데, 그에 비하면 우리의 접영이나 크롤 영법은 비웃음을 받을 만큼 매우 비효율적이다. 원양 어류는 사실상 물속에서 날아가는 법을 개발했다.

헤엄을 칠 때, 움직임에 도움을 주는 힘은 항력抗力과 양력揚力, 두 가지가 있다. 항력은 물의 저항이 우리의 움직임을 방해하는 힘이다. 우리는 항력을 이용하는 법을 잘 알고 있다. 오리발을 까닥이거나 두 발과 양팔을 오므렸다 펴거나 노를 저으면 우리가 앞으로 나아가는 것은 바로 항력 때문이다. 어떤 의미에서 우리는 물에 의존하는 셈인데, 물이 우리의 움직임에 저항한다는 사실을 이용해 앞으로 나아가는 추진력을 얻는다. 하지만 원양 어류는 다른 방식을 선택했다. 원양 어류는 양력을 이용하는데, 물이 지느러미 위쪽으로 아주 빨리 지나갈 때 위쪽의 압력이 낮아지면서 몸을 위쪽으로 끌어당기는 힘이 작용한다. 비행기도 공기 중에서 바로 이 양력을 이용해 하늘을 난다. 게다가 모든 원양 어류의 지느러미는 비행기 날개처럼 위쪽으로 불룩하게 구부러져 있고, 몸은 뻣뻣하고 단단하다. 이 영법을 사용하려면 아주 빨리 나아가야 하는데, 그래야 날개 위쪽으로 물이 아주 빠르게 지나가면서 큰 양력을 만들어낼 수 있기 때문이다. 그래서 원양 어류는 효율적인 엔진이 필요하다.

헤엄을 위한 이두박근

어시장이나 생선 가게에서 판매대 위에 놓인 다랑어 토막을 본 적이 있을 것이다. 그런데 그 토막이 거의 다 근육이라는 사실도 알아챘는가? 미식가라면 그 사실에 군침을 삼킬 것이다. 복강은 꼭 필요한 최소한의 공간만 차지하고 있다. 그 작은 공간에 모든 기관이 다 들어가 있는데, 근육이 들어설 공간을 최대한 확보하기 위해서이다.

다랑어 살(즉, 근육)이 마치 나무줄기 단면의 나이테처럼 동심원 층들로 이루어져 있다는 사실은 알고 있는가? 이것은 모든 근육이 사실은 기다란 관들로 이루어져 있고, 이 모든 관 모양의 근육들이 힘줄을 통해 꼬리로 연결돼 있기 때문이다. 그래서 다랑어의 몸에서 발생하는 모든 힘은 꼬리자루로 모인다. 다랑어의 몸에서 접히면서 움직임을 만들어내는 부분은 오직 이곳뿐이다. 나머지 부분은 매우 뻣뻣하고 단단하며, 가슴지느러미만 이리저리 움직이며 방향타 역할을 한다. 요컨대 다랑어는 마치 핵잠수함처럼 만들어졌는데, 핵잠수함은 원자로에서 나오는 모든 에너지가 꼬리에 붙어 있는 스크루를 돌리는 데 쓰이고, 스크루가 추진력을 제공한다.

살아 있는 다랑어를 손으로 잡아보면 기묘한 힘을 느낄 수 있다. 전체 근육이 동물계 어디서도 볼 수 없는 힘으로 요동치는 걸 느낄 수 있다. 그것은 마치 착암기를 손잡이 없이 잡는 것과 비슷한 느낌이다! 그리고 꼬리를 잡으려는 생각은 하지 않는 게 좋다. 퍼덕이는 꼬리의 힘은 너무나도 강해서 손목이 부러질 수도 있다!

수렴 진화의 결과

지금까지 다랑어의 여러 가지 특징을 살펴보았는데, 다랑어에서 관찰되는 메커니즘들은 실제로는 나머지 원양 어류도 모두 공통적으로 갖고 있다. 가까운 친척인 가다랑어와 꼬치삼치, 고등어도 다랑어와 정확하게 똑같은 방식으로 헤엄을 친다. 돛새치와 청새치, 황새치처럼 먼 친척들도 대체로 같은 전략을 사용한다. 하지만 무엇보다 놀라운 것은 다랑어와 아무 관계도 없는데도 정확하게 동일한 근육 구조를 가진 동물들이 있다는 사실이다. 청상아리가 바로 그런

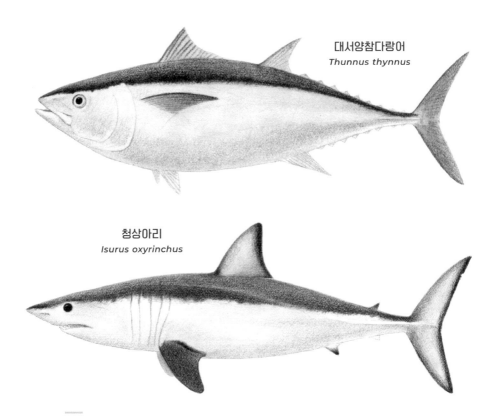

대서양참다랑어
Thunnus thynnus

청상아리
Isurus oxyrinchus

다랑어와 청상아리의 진화적 유연관계는 말과 금붕어만큼이나 멀다. 하지만 동일한 환경의 제약을 받으며 진화한 결과로 둘 다 형태와 헤엄치는 방식이 매우 비슷하게 발달했다.

예인데, 계통 분류학적으로 볼 때 청상아리와 다랑어 사이의 관계는 청상아리와 우리 사이의 관계만큼이나 멀다. 청상아리의 근육 구조는 다랑어나 황새치와 동일한데, 판매대 위에 놓인 청상아리 토막과 황새치 토막은 구분하기가 매우 어려워 실제로 고기를 속여서 파는 사례도 가끔 있다!

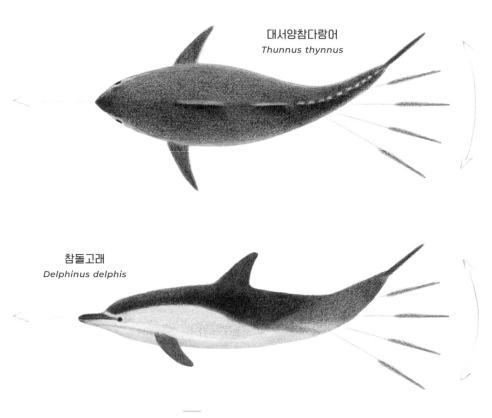

대서양참다랑어
Thunnus thynnus

참돌고래
Delphinus delphis

돌고래는 꼬리를 위아래로 흔드는 반면, 다랑어는 좌우로 흔든다. 하지만 이 점만 빼고는 헤엄을 치는 움직임과 추진력을 제공하는 힘은 모두 동일하다.

이렇게 서로 아주 다른 두 종은 수렴 진화convergent evolution라는 과정을 통해 동일한 형태를 갖게 되었다. 동일한 진화 압력(이들은 넓은 바다라는 동일한 환경에서 동일한 먹이를 먹고 살며, 동일한 포식자에게 잡아먹힌다)을 받으며 살아간 이들은 긴 시간이 지나는 동안 동일한 문제에 대해 동일한 해결책을 발달시켰다.

자세히 살펴보면, 돌고래 역시 다랑어와 동일한 방식으로, 즉 양력을 이용해 헤엄을 친다. 유일한 차이점은 지느러미 방향이다. 다랑어는 꼬리를 좌우로 흔들면서 헤엄을 치는 반면, 돌고래는 꼬리를 위아래로 흔들면서 헤엄을 친다. 작용하는 힘의 관점에서 본다면, 그 결과는 동일하다. 유체역학적 관점에서 보면, 돌고래는 옆으로 드러누워 헤엄치는 다랑어이다.

보호를 위한 노력

풍부한 개체수와 많은 근육량은 식량 자원으로 아주 좋은 조건이다. 다랑어의 예외적인 에너지는 선사 시대부터 인간에게 좋은 에너지 공급원이었다. 수천 년 동안 적절한 수준의 어획이 이어져오다가 20세기 후반에 산업 수준의 대규모 어업이 시작되면서 대다수 대형 원양 어류의 개체수가 급감했다. 다랑어 근육이 대량 소비 상품으로 만들어지자 다랑어는 멸종 직전으로 내몰렸다. 그 밖의 대형 원양 어류들도 같은 운명에 처하게 되었다.

이 물고기들의 강한 힘은 인간에게 그 근육을 대량 소비하게 함으로써 위기를 자초한 원인이 되었지만, 이제 이 매력적인 힘이 이들을 위기에서 구해줄 비장의 카드가 될지도 모른다. 지중해 지역의 원시 문명들이 자연의 경이로운 존재로 여겼던 다랑어는 신석기 시대부터 유럽인을 매료시켜 시칠리아에 있는 선사 시대의 동굴 벽에 그림으로 남아 있다. 다랑어뿐만이 아니다. 멕시코 만류가 지나가는 지역에 살던 아메리카 원주민과 인도양의 인도네시아인은 황새치를 숭배했다. 돌고래는 전 세계 거의 모든 지역에서 신의 전령과 완전체의 이미지로 떠받들어졌다. 이 동물들의 힘은 매우 매력적이어서, 어니스트 헤밍웨이Ernest Hemingway는 대형 원양 어류를 잡느라 생애 중 상당 시간을 보내기도 했다(자신의 말로는 글을 쓰기에 너무 더울 때 그랬다곤 하지만). 하지만 사람들은 이 물고기들에 대한 과학적 연구와 보호에는 거의 신경을 쓰지 않았다. 『노인과 바다The old man and the sea』를 쓴 헤밍웨이는 시간이 지나면서 해양 자원 보호를 위해 노력했고, 그것은 나중에 강력한 로비 활동으로 발전했다.

오늘날 많은 나라는 같은 비전을 공유하면서 바다의 이용 방식을 상업적 어업에서 잠수나 스포츠 낚시처럼 지속 가능한 해양 자원으로 바꾸고 있다. 이러한 운동의 본산인 미국에서는 청새치처럼 주둥이가 긴 대형 원양 어류가 상업적 어업으로부터 완전히 보호받고 있다. 대서양참다랑어는 아마추어와 영세 어부만 잡을 수 있고, 그것도 오로지 낚시만 사용해 잡아야 한다. 해양 포유류를 보호하는 법도 엄격하게 시행되고 있다. 이러한 정신은 조금씩 확산하고 있는데, 특히 오세아니아와 중앙아메리카에서 두드러지게 확산하고 있다. 넓은 바다에 사는 동물들을 새로운 시각으로 바라보는 태도가 생겨나고 있다. 하지만 시간이 얼마 없다. 아직도 많은 나라는 큰 물고기를 산업 자원으로만 간주하고 단기적 이익만 추구하려고 한다. 공해에서는 해양 자원을 서로 차지하기 위한 경쟁이 시간을 다투며 치열하게 벌어지고 있다.

무리

수천 마리 물고기가 하나가 될 때

많은 프랑스인과 마찬가지로 나는 어린 시절에 많은 금요일 저녁을 〈탈라사Thalassa〉라는 텔레비전 프로그램을 보며 보냈다. 움직이는 형태가 때로는 배 모양으로, 때로는 조가비 모양으로 나타나는 오프닝 장면의 물고기 떼를 보고서 환상에 빠지지 않은 사람이 있었을까? 진짜 물고기 무리는 텔레비전 화면에 나타나는 것에 못지않게 예술적이다. 비록 돛대가 3개 달린 범선의 형태로 나타나진 않더라도, 우리는 거기에 담긴 많은 비밀을 읽어낼 수 있다.

왜 무리를 지을까?

앞 장에서 만났던 다랑어가 되었다고 상상해보라. 그것도 몹시 굶주린 다랑어라고 하자. 당신은 넓은 바다에서 수십 킬로미터를 달려와 마침내 정어리 떼를 발견했다. 바로 저 앞에 군침이 도는 정어리가 수천 마리나 반짝이며 모여 있다. 이제 당신은 막 맛있는 식사를 즐길 준비를 한다. 그런데 갑자기 〈탈라사〉의 오프닝 장면이 눈앞에서 펼쳐진다.

그 경험은 매우 매혹적이다. 정어리 떼가 도처에서 빙빙 돌면서 불가사의한 소용돌이를 이룬다. 당신은 어느 방향을 향해야 할지 갈피를 잡지 못한다. 정어리 한 마리를 잡는 거야 쉬운 일이지만, 거대한 유령 같은 정어리 떼를 향해 돌진하는 것은 완전히 다른 종류의 도전이다. 정어리들도 당신의 존재를 알아채고 자신들의 살을 지키기 위해 눈 깜짝할 사이에 가장 효율적인 집단 전략을 펼친다.

아주 많은 종의 물고기(전체 종 중 절반 이상)가 무리를 지어 살아가는데, 그렇게 무리를 짓는 것은 무엇보다도 생존을 위한 전략이다. 무리를 지어 다니면 살아가는 데 이점이 많다. 포식자를 피하기가 더 쉬울 뿐만 아니라, 먹이를 사냥하고 번식을 하기도 쉽고, 심지어 지치지 않고 훨씬 수월하게 헤엄을 칠 수 있다.

그리고 무리를 지어 다니면, 주변을 살피는 능력이 크게 향상된다. 눈과 코의 수가 크게 늘어나면, 정보를 탐지하는 기회도 늘어나고 따라서 살아남을 확률도 높아진다. 그래서 무리 중에서 한 개체가 뭔가를 탐지하면, 즉각 모든 동료에게 경고를 할 수 있다. 특히 포식자의 위험을 탐지했을 경우에는 더욱 그렇다. 개개 물고기가 서로에게 어떻게 그토록 빨리, 그리고 거의 동시에 정보를 전달해 '폭포 효과' 반응을 일으키는지는 정확하게 알려지지 않았지만, 과학자들이 큰 흥미를 갖고 연구하고 있다.

수의 힘

위험이 닥치면 무리 전체가 도망을 선택하는 경우가 많다. 하지만

점다랑어 *Euthynnus alletteratus*

점다랑어는 철새처럼 대형을 지어 헤엄을 치는 경우가 많다. 그러면 에너지를 절약할 수 있을 뿐만 아니라, 먹이를 조직적으로 사냥할 수 있다.

정어리 떼는 아주 빠른 다랑어를 만났을 때에는 다른 전략을 택해야 한다는 사실을 안다. 정어리 떼는 자기 조직 전략으로 다랑어와 맞선다. 작은 물고기 무리가 포식자에게 맞서 싸우는 일은 아주 드물다. 대신에 물속에서 상대를 혼란스럽게 하는 형태로 변신함으로써 적을 헷갈리게 하는 전략을 택할 때가 많다. 움직이는 거대한 거품 속으로 포식자를 몰아넣음으로써 포식자를 혼란에 빠뜨린다. 게다가 표적이 아주 많으면, 포식자는 그중에서 한 마리를 선택해 공격하기가 매우 어렵다. 제각각 다른 방향으로 튀는 탁구공 여러 개를 가지고 탁구를 친다고 상상해보면, 다랑어가 느끼는 혼란을 이해할 수 있을 것이다!

하지만 다랑어가 완전히 포기한 것은 아니다. 다랑어는 무리의 힘이 약점이 될 수도 있다는 사실을 잘 안다. 많은 물고기가 모여서 무리를 이루면, 통조림 속의 정어리들처럼 매우 빽빽하게 모이게 된다. 다랑어는 이 점을 이용해 눈부신 '전청색電青色, electric blue' 줄무늬로 몸을 장식하는데, 먹잇감은 이 색 때문에 겁을 더 먹게 된다. 그래서 정어리들은 더욱 빽빽하게 모이게 되고, 다랑어는 밀집한 무리를 향해 돌진하기만 하면 된다.

고래도 먹잇감의 이 방어 전략을 이용하는 법을 안다. 물고기 떼를 공격할 때, 고래는 긴 가슴지느러미를 몇 초 동안 활짝 펼쳤다가 입을 쩍 벌린다. 그 지느러미를 본 물고기들은 겁을 집어먹고 빽빽하게 모인다. 그러면 고래는 물고기들을 손쉽게 한입에 꿀꺽 삼킬 수 있다! 수염고래는 작은 자동차만 한 크기의 고등어나 정어리 떼를 한입에 삼킬 수 있다. 수면 가까이에서 먹이를 삼킬 때에는 인상적인 소용돌이가 생긴다.

무리 사냥

포식자도 무리를 지을 줄 안다. 그리고 무리를 지어 협공하는 전략을 종종 사용한다. 실제로 많은 종은 서로 협응해 사냥하는 능력이 있다. 그래서 다랑어와 전갱이는 나폴레옹 군대처럼 멸치 떼와 고등어 떼를 공격할 때 일사불란하게 조직적인 전투를 벌인다. 각각의 사냥꾼은 이웃 동료를 도우면서 사냥감을 몰거나 붙잡는다. 어떤 사냥꾼은 사냥감 무리 한가운데로 돌진하면서 충격파를 일으켜 그 대형을 무너뜨리고, 어떤 사냥꾼은 그 결과로 뿔뿔이 흩어지는 사냥감을 공격한다. 무리 사냥의 챔피언은 돛새치인데, 돛새치는 좌측 공격 부대와 우측 공격 부대로 나뉘어 대형을 만든다. 정어리 떼는 돛새치와 맞닥뜨리면 일반적으로 빙빙 돌기 시작한다. 정어리 떼는 테니스 선수처럼 적의 좌우 차이를 파악해 상대가 덜 민첩한 쪽으로 탈출하려고 한다. 하지만 십여 마리의 돛새치 중 일부는 오른쪽에서 일부는 왼쪽에서 공격해가면, 정어리 떼는 속수무책으로 당할 수밖에 없다.

에너지 절약에 도움이 되는 무리 짓기

무리를 짓는 것은 아주 좋은 에너지 절약 방법이기도 하다. 줄지어 달리는 사이클리스트 집단이나 편대 대형으로 날아가는 비행기들처럼 물고기는 동료가 지나가면서 생긴 물결에 몸을 실음으로써 에너지를 절약할 수 있다. 헤엄을 치는 물고기는 몸 뒤쪽에 물을 끌어당기는 흡인 부분이 생기면서 뒤따르는 물고기들을 끌어당긴다. 그리고 꼬리를 흔들 때마다 몸 뒤쪽에 작은 소용돌이가 생기는데, 이 소용돌이는 몇 분 동안 혼자서 빙빙 돌며 머문다. 뒤따르는 물고기들은 이 소용돌이를 이용해 힘들이지 않고 꼬리를 흔들 수 있다. 만약 살아 있는 물고기가 지나간 자리에 죽은 물고기를 집어넣으면, 죽은 물고기는 이 소용돌이의 효과로 위아래로 까닥이면서 앞으로 나아간다. 따라서 앞의 물고기를 뒤따라가는 물고기는 거의 아무 힘도

들이지 않고 나아갈 수 있다.

　반면에 선두에 선 물고기는 많은 힘을 써야 한다. 물고기들은 어떻게 자신들을 조직해 이 노동을 나눌까? 일반적으로는⋯⋯ 아무 노력도 기울이지 않는다. 선두에 선 물고기는 계속 선두에 서서 가고, 뒤에 선 물고기들은 계속 그 뒤를 따른다. 이 조직은 모두에게 도움이 되는데, 선두에 선 물고기는 힘을 더 많이 쓰지만, 먹이에 맨 먼저 접근할 수 있는 이점이 있다. 뒤따르는 물고기는 먹이 접근에서는 분명히 불리하지만, 에너지를 덜 쓰기 때문에 덜 피로하다. 수백만 마리가 모인 아주 큰 청어 떼의 경우, 가운데나 뒤쪽에 위치한 물고기는 산소 공급도 부족한데, 앞에 있는 물고기들이 산소를 거의 다 소비하기 때문이다. 그러니 이들은 몸이 편해야 공평하다.

　물고기 떼를 바라보면, 가을 하늘을 가득 메우며 날아다니는 찌르레기 떼가 떠오른다. 이 새 떼 구름은 바다의 물고기 떼 구름과 정말로 아주 비슷해 보인다. 하지만 그 조직 형태는 완전히 다르다. 물고기는 각자 자기 자리에 그대로 머물며 나아가지만, 찌르레기는 앞으로 갔다 뒤로 갔다 하면서 늘 자리를 바꾼다. 이런 식으로 노동의 부담을 함께 나눈다. 이것은 집단생활에 관한 상반된 '정치적' 견해처럼 보이지만, 둘 다 자연에서 아름다운 장관을 연출한다.

움직이는 물질

물리학자가 볼 때, 물고기 떼가 연상시키는 것은⋯⋯ 바로 자석 집단이다. 이상하게 들릴 수 있지만, 두 계는 똑같은 방식으로 행동한다. 작은 자석들처럼 물고기들은 서로에 대해 일정한 방식으로 정렬하는 경향이 있다. 거리가 너무 가까우면 서로 밀어내고, 너무 멀면 서로 끌어당긴다. 자석 집단이 나타내는 형태를 계산해 물고기의 무리 행동을 아주 비슷하게 나타내는 모형을 만들 수 있다.

따라서 물고기 떼는 물질을 분석하는 것과 같은 방식으로 연구할 수 있다. 물고기 떼는 물질처럼 흐르고 팽창하고 죽 늘어나며…… 상태 변화도 일어난다. 온도가 올라가면 액체가 기체로 변하듯이, 특정 변수가 변하면 물고기 떼도 흩어지고 상태 변화가 일어난다. 예를 들면, 굶주린 물고기가 많을수록 마치 액체가 기체로 변하는 것과 비슷한 방식으로 전체 공간에서 물고기들이 더 많이 흩어진다. 반대로 물고기들이 겁을 먹으면, '기체' 상태의 물고기들이 '액체' 상태로 변하듯이 재배열하면서 물방울들과 같은 방식으로 움직인다. 포식자가 공격해오거나 강한 물살에 맞서 헤엄을 쳐야 할 때에는 규칙적인 질서에 따라 응집력이 높은 형태로 재조직하면서 고체 결정과 같은 상태로 변한다.

이웃한 물고기들 사이의 상호 작용을 이해하면(이것은 '물질'을 이루는 '입자들'의 성질을 아는 것에 해당한다), 무리의 전체 행동을 계산할 수 있다. 물고기 떼의 전체 움직임은 비록 겉보기에는 복잡해 보이지만, 개개 물고기들 간의 상호 작용이 축적된 결과로 나타난다.

무리 전체의 형태를 유지하는 비밀

물고기 떼가 그 형태를 유지하는 비밀이 매우 궁금하다. 물고기 무리에는 위계도 질서도 지도자도 없다. 무리를 만들고 조직하기 위해 의사소통을 하는 종도 거의 없다. 모든 것은 단순히 물리적 힘들이 작용한 결과로 자연 발생적으로 일어난다. 한 물고기가 헤엄치면서 생긴 흡인력이 즉각 다른 물고기를 끌어들이며, 그 뒤를 이어 같은 일이 계속 반복적으로 일어난다. 이것은 물리학자들을 매료시킨 집단 운동의 마술이다.

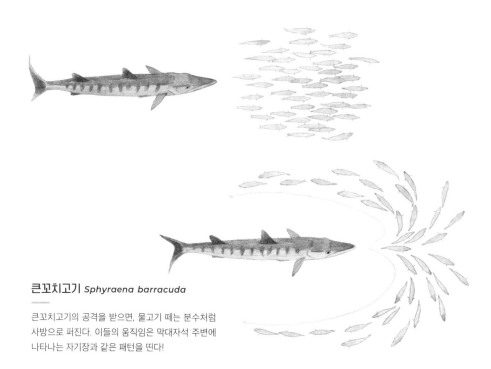

큰꼬치고기 *Sphyraena barracuda*

큰꼬치고기의 공격을 받으면, 물고기 떼는 분수처럼 사방으로 퍼진다. 이들의 움직임은 막대자석 주변에 나타나는 자기장과 같은 패턴을 띤다!

물고기는 또한 서로를 알아볼 수 있다. 진화는 다른 물고기들에 대한 자신의 상대적 위치를 파악할 수 있는 단서를 선물했다. 정어리의 작은 검은색 점이나 고등어의 줄무늬가 바로 그런 예이다. 자동차 운전자가 도로의 점선들을 보고서 안전거리를 파악하는 것처럼 물고기는 자신의 움직임을 가늠하면서 동료 물고기와 충돌하는 사고를 피한다. 그래서 시력이 아주 중요하고, 또 다른 감각인 옆줄(지각을 다루는 장인 260쪽에서 더 자세히 다룰 것이다)도 무리 속에서 심지어, 그리고 밤중에도 자신의 위치를 파악하는 데 큰 도움을 준다. 냄새도 가끔 도움이 되는데, 생식을 위해 무리를 지은 물고기 떼의 경우에는 특히 그렇다.

물고기의 집단 현상이 제공하는 영감

물고기 떼의 그 특이한 속성은 온갖 곳에 영감을 제공한다. 헤엄을 치면서 에너지를 절약하는 방식은 무리를 지어 달릴 때 연료를 덜 소모하는 차량을 설계하는 데 도움을 줄 수 있다. 물고기들이 함께 결정을 내리는 방식은 로봇공학자들의 흥미를 끈다. 그래서 물고기의 집단 지능을 컴퓨터 프로그램으로 재현할 수 있었고, 이를 통해 개별적으로 지능이 낮은 다수의 개체로부터 지적인 의사결정을 이끌어낼 수 있다. 이미 항구에서 오염 물질 누출을 탐지하는 수중 드론들이 무리를 지어 활동하고 있다. 우리는 집단 현상을 이제 막 이해하기 시작했는데, 앞으로 여기서 유망한 발명들이 나올 것이다.

2부

수중 환경

깊고 넓은 물속을 누비는 존재

물은 이상한 물질이다. 물 분자는 공기 분자보다 가볍지만, 실온에서는 액체 상태로 존재한다! 분명히 수중 환경에서는 여러 가지 물리적 힘과 현상이 작용한다. 그리고 바다 동물은 그 결과에 영향을 받는다.

이들이 사는 3차원 세계에서 중력의 효과는 거의 무시할 만한 수준이다. 대신에 다른 힘들이 큰 영향력을 발휘한다. 그런 힘으로는 압력, 해류, 소용돌이, 삼투압 균형 등이 있다. 눈에 보이지 않는 현상들이 많은데, 그중에는 육지에서 살아가는 우리가 경험하지 못하는 것도 많다. 이러한 물의 여러 가지 힘은 해양 생물의 기능을 좌우한다.

물속에서 살아가는 동물은 끊임없는 도전에 맞닥뜨린다. 자, 그러면 거대한 고래에서부터 아주 작은 새우에 이르기까지 그러한 도전에 용감하게 맞서며 살아가는 동물들을 만나보기로 하자.

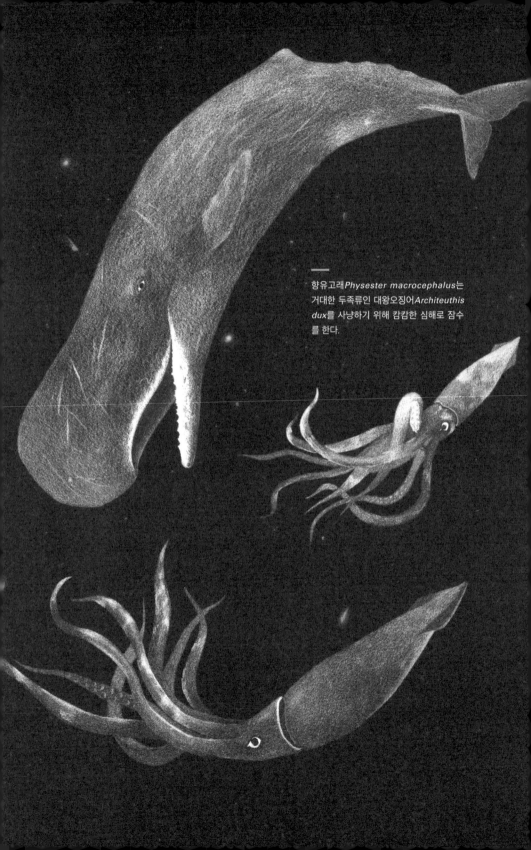

향유고래*Physester macrocephalus*는 거대한 두족류인 대왕오징어*Architeuthis dux*를 사냥하기 위해 캄캄한 심해로 잠수를 한다.

향유고래

극한의 압력을 견뎌내는 스포츠 선수

영화 〈그랑블루Le grand bleu〉가 나오고 나서 스킨 다이빙은 사람들 사이에 두려움과 동시에 큰 흥미를 불러일으켰다. 돌고래처럼 자유롭게 잠수하는 것은 위험한 행동처럼 보인다. 사실, 고래에게조차도 숨을 참고 깊이 잠수하는 것은 극한 스포츠에 해당한다. 이 스포츠 부문의 세계 챔피언은 향유고래이다.

모든 챔피언과 마찬가지로 향유고래는 차분하고 집중력이 높고 자신감이 넘친다. 잠수를 준비하는 향유고래를 방해하는 것은 아무것도 없다. 이 거대한 동물이 바위처럼 육중하게 움직이면서 물 위로 머리를 드러내는 장면은 실로 놀라운 장관인데, 천둥 같은 소리와 함께 숨을 내쉬면서 깊은 바닷속을 정복하러 떠날 준비를 한다.

향유고래는 깊은 바닷속으로 잠수해 먹이를 사냥하며 살아간다. 이 사냥은 진주 채취꾼의 작업보다 훨씬 위험하다. 대왕오징어는 향유고래의 거의 유일한 먹이로, 향유고래는 자신의 육중한 몸집을 유지하기 위해 이 두족류를 사냥하러 심해의 어둠 속으로 잠수해야 한다. 잠수는 매번 할 때마다 어려운 도전인데, 무엇보다도 향유고래는 어류가 아니라 포유류이기 때문이다. 즉, 우리와 같은 육상 동물에서 진화했기 때문에 공기를 들이마셔 숨을 쉬어야 한다. 향유고래의 조상은 우제류(땅에서 살아가는 영양 비슷한 동물)인데, 향유고래는 5000만 년에 걸친 진화 끝에 전문 잠수부로 살아가는 종이 되었다.

숨을 깊이 들이쉬는 것은 금물!

물속으로 머리를 집어넣을 때, 우리가 맨 먼저 반사적으로 하는 행동은 폐에 공기를 가득 채우기 위해 숨을 깊이 들이쉬는 것이다. 그런데 향유고래는 정반대 행동을 한다. 이것이 심해 잠수의 첫 번째 비결이다.

깊이 잠수할 때 폐에 공기를 가득 집어넣는 것은 나쁜 전략이다. 공기는 물보다 훨씬 가볍기 때문에, 공기가 가득 찬 폐는 부표처럼 몸이 아래로 가라앉는 것을 방해한다. 게다가 모든 기체와 마찬가지로 공기는 압축하기가 쉽다. 아래로 내려가면서 수압이 증가함에 따라 공기의 부피는 크게 줄어든다. 반대로 수심이 얕아지고 수압이 감소하면 공기의 부피는 아주 빠르게 늘어난다. 향유고래가 위로 올라올 때 공기가 크게 팽창하면 기관지가 손상될 수 있다. 따라서 해양 포유류는 잠수하기 전에 숨을 깊이 들이마시지 않고 오히려 공기를 내뱉는다. 폐를 최대한 비우는 것은 안전상의 이유 때문이다. 밖으로 다 내보내지 못한 소량의 공기는 손상을 최소화하기 위해 연골

부위에 격리된 채 머문다. 고래류의 폐는 공기 저장고 역할을 할 필요가 없기 때문에 아주 작다. 전체 몸 부피에서 폐가 차지하는 비율은 사람에 비해 약 3분의 1에 불과하다!

하지만 잠수를 할 때마다 향유고래는 필요한 산소를 가져가지 않으면 안 된다. 만약 그것을 폐에 저장할 수 없다면, 다른 곳에 저장해야 한다.

향유고래가 막대한 산소를 저장하는 곳

두 시간 이상 무호흡 잠수를 할 수 있는 향유고래는 막대한 양의 산소를 혈액과 도처의 근육에 저장한다. 향유고래는 적혈구에 들어 있는 많은 양의 헤모글로빈 덕분에 혈액 속에 산소를 고정할 수 있다. 근육은 헤모글로빈과 비슷한 분자인 미오글로빈의 도움을 받아 산소를 저장할 수 있다. 미오글로빈은 헤모글로빈처럼 철을 풍부하게 함유한 단백질로, 붉은 고기에 특유의 붉은 색을 내는 물질이다. 그래서 향유고래 고기도 선명한 진홍색을 띤다. 향유고래 고기에는 미오글로빈이 다량 포함돼 있는데, 사람 근육보다 10배나 많다. 향유고래는 또한 별도의 산소 탱크가 있다. 지라(비장)가 그것이다. 지라에 산소를 가득 머금은 적혈구가 저장돼 있는데, 잠수를 할 때 이곳의 적혈구가 혈액 속으로 확산한다.

깊은 바닷속으로 잠수를 떠나기 전에 향유고래는 깊은 심호흡을 통해 몸속에 저장된 모든 산소를 재충전한다. 한 번 숨을 들이쉴 때마다 폐 속의 공기 중 90%를 새 것으로 교체할 수 있는데, 사람은 운동선수조차도 한 번에 겨우 10~15%만 교체하는 데 그친다. 바다에서 수면 위로 올라와 약 10분 동안 쉬면서 과호흡을 하는 향유고래를 종종 볼 수 있고, 또 가까이 다가갈 수도 있다. 만약 배를 타고 있다면, 적당한 거리를 유지하면서 향유고래의 휴식을 방해하지 않는 게 좋다.

소중한 산소를 아끼기 위한 노력

물론 산소를 비축하는 것만으로는 충분치 않으며, 그것을 현명하게 사용해야 한다. 물속에서 쓸데없는 일에 산소를 낭비하지 않아야 한다. 잠수를 무사히 완수하려면 모든 것을 아껴야 한다. 그래서 향유고래는 매우 알뜰하다.

향유고래가 에너지를 절약하는 첫 번째 비결은 느린맥이다. 잠수하자마자 심장 박동이 느려진다. 이것은 많은 포유류가 공통적으로 나타내는 반사 행동이다.─심지어 여러분과 나도. 얼굴에 물을 약간 끼얹기만 해도 우리는 심장 박동이 느려진다. 이 현상은 먼 과거에 우리 조상이 해산물이나 수생 식물 줄기를 채취하는 데 도움이 되었을 것이다. 향유고래의 경우, 이 현상은 단순히 반사 행동에 불과한 게 아닌데, 잠수할 때 심장 박동을 의식적으로 조절하는 능력이 있어 자유자재로 심장 박동을 늦추는 것으로 보이기 때문이다. 이것은 요가 지도자가 부러워할 만한 재주이다.

그리고 향유고래는 잠수하는 동안 혈액을 공급할 기관과 공급하지 않을 기관을 선택한다. 향유고래의 순환계는 사실상 합선을 일으키는 장치가 있어 잠수 동안 신체 일부에 혈액 공급을 일시적으로 차단할 수 있다. 대신에 수중 사냥에 꼭 필요한 뇌와 근육 같은 기관에만 혈액을 보낸다.

이 모든 적응에도 불구하고, 극한의 심해 잠수부는 가끔 산소 부족에 시달리는 상황에 놓인다. 그래서 깊은 바닷속에 머물 수 있는 시간이 제한되지만, 그래도 아직은 위로 올라갈 때가 아니다. 젖산 발효라는 메커니즘을 통해 산소를 사용하지 않고도 기관들이 잠시 동안 제 기능을 할 수 있다. 이것은 우리가 무산소 운동을 통해 잠깐 동안 큰 힘을 낼 수 있는 것과 같은 과정인데, 우리는 그 대가로 근육 경련이 일어날 수 있다. 하지만 향유고래는 그럴 위험이 없다. 이 과정에서 불가피하게 생성되는 젖산을 지방에 저장할 수 있기 때문이다. 젖산이 지나치게 많이 쌓여 더 이상 견딜 수 없을 때가 되면 그제서야 향유고래는 물 위로 올라와 숨을 쉬고 휴식을 취하면서 젖산을 제거한다.

심해 황홀증

대왕오징어를 잡으려면, 오래 잠수하는 것만으로는 부족하다. 아주 깊은 곳까지 잠수해야 한다. 아주아주 깊은 곳까지. 향유고래가 잠수하는 수심은 대개 400m 이내인데, 이곳은 낮 동안에 먹잇감들이

덤보문어 *Grimpoteuthis spp.*

덤보문어는 바다의 등반가이다. 덤보문어는 수심 300m에서 7000m 사이의 바닷속을 유유히 배회하는데, 이렇게 큰 고도차를 오르내리면서 자유롭게 활동하는 종은 매우 드물다. 두족류는 몸속에 기포가 거의 없어 압력 변화를 잘 견뎌낸다. 하지만 그토록 광범위한 수층의 다양한 조건에 적응하는 것은 실로 놀라운 재주라고 하지 않을 수 없다.

휴식을 취하는 깊이이다. 하지만 향유고래는 필요하면 더 깊은 곳까지 내려가기도 한다. 최대 2250m까지 잠수하는 향유고래가 목격되기도 했다.

그러면 향유고래는 수면에 비해 200배나 큰 수압을 받는 상황에 놓이게 된다. 깊이 내려갈수록 수압이 더 커지는데, 위에 쌓인 모든 물의 무게가 합쳐져 몸을 짓누르기 때문이다. 아마추어 잠수부가 수심 수십 미터까지 내려가면, 맨 먼저 귀나 부비강(코곁굴)에 불편을 느끼는데, 그곳 공기가 압축되기 때문이다. 그다음에는 복부 압축으로 인해 웨이트벨트(잠수 때 무게를 더하기 위해 착용하는 벨트)가 느슨해지는 것을 느낀다. 하지만 이것은 아주 깊은 곳까지 내려가는 향유고래가 느끼는 효과에 비하면 새 발의 피에 불과하다. 이곳의 수압은 피아노를 새끼손톱 위에 내려놓는 것과 맞먹을 만큼 강하다! 이토록 강한 압력에서는 몸 전체가 심하게 짜부라진다.

하지만 가장 큰 위험은 몸이 짜부라지는 것보다 화학적 위험이다. 압력이 높아질수록 폐에 들어 있는 기체, 특히 산소와 질소가 액체(특히 혈액)에 더 잘 녹아 들어간다. 혈중 질소 농도가 너무 높으면 잠수부들이 두려워하는 심해 황홀증Drunk on Depth(질소 중독Nitrogen Narcosis)을 포함해 신경학적 문제가 생긴다. 게다가 깊은 수심에서 혈액 속에 질소가 너무 많이 녹아 들어가면, 수면으로 올라올 때 큰 위험이 생긴다.

위로 올라오면 압력이 줄어듦에 따라 혈액 속에 녹아 있던 질소가 다시 기체로 변하는데, 너무 빨리 올라오면 혈액 속에 아주 위험한 기포들이 갑자기 많이 생긴다.

다행히도 향유고래는 폐를 거의 텅 비운 상태로 잠수를 한다. 그래서 몸속에 기체가 극소량만 존재해 감압으로 인한 사고 위험을 최소화할 수 있다. 유일하게 위험한 경우는 놀라서 급히 수면 위로 올라와야 하는 상황인데, 예컨대 수중 폭발이 일어날 때 그럴 수 있다.

대왕오징어를 잡아라!

깊이 잠수하는 것만 해도 대단한 모험이지만, 향유고래는 아직 대왕오징어를 사냥해야 하는 과제가 남아 있다. 유일한 문제는 수심 2000m의 바닷속은 칠흑같이 캄캄하다는 점이다. 모든 햇빛은 물 분자에 흡수돼 이곳까지 내려오지 않는다. 그렇다면 어떻게 먹이를 찾을 수 있을까?

향유고래에게는 두 가지 비법이 있다. 우선 생물 발광을 이용한다. 대왕오징어는 생물 발광(180쪽 그림 참고)을 통해 자체적으로 빛을 약간 내기도 하고, 또 이동할 때 생물 발광 플랑크톤을 자극해 지나간 길에 희미한 빛의 자국을 남기기도 한다.

그 외에 향유고래의 야간 시각 능력을 높이는 무기가 또 있는데, 고성능 수중 음파 탐지기가 그것이다. 이 거대한 고래가 수면으로 올라와 물을 내뿜는 장면을 본 적이 있는가? 그렇다면 그때 물줄기가 왼쪽으로 구부러진다는 사실을 알아챘는가? 이것은 왼쪽 콧구멍으로만 공기를 내뿜기 때문이다. 오른쪽 콧구멍이 감기 때문에 막혀서 그런 게 아니다. 오른쪽 콧구멍은 진화를 통해 '소리 입술'(프랑스어로는 museau de singe, 즉 '원숭이 주둥이')이라 부르는 일종의 타악기로 변형되어 아주 큰 소리를 낼 수 있다. 향유고래는 소리 입술을 사용해 총 소리만큼 크게 찰칵거리는 소리를 낼 수 있다. 이 음파는 아주 멀리까지 나아가는데, 향유고래는 메아리가 돌아오기까지 걸리는 시간을 바탕으로 주변 지형지물을 파악한다. 그래서 오징어는 물론 해저에 우뚝 솟은 산과 동족 향유고래까지 탐지할 수 있다. 향유고래는 심지어 머릿속에 음향 렌즈 시스템까지 있어 자신이 발사하는 음파의 방향을 자유자재로 변화시킬 수 있는데, 그럼으로써 몸을 움직이지 않고도 주변 환경을 파악한다. 향유고래는 척추뼈들이 들러붙어 있어 머리를 이리저리 돌릴 수 없기 때문에 이것은 아주 편리한 기능이다. 이러한 수중 음파 탐지기 덕분에 향유고래는 주변 환경을 완벽하게 시각화할 수 있고, 무게가 7kg이나 나가는 뇌(동물계 전체를 통틀어 가장 큰)는 이러한 음향 정보를 처리하는 데 최적화돼 있다.

새로운 챔피언

2014년, 고래 세계의 무호흡 잠수 부문에 지각 변동이 일어나면서 향유고래가 챔피언 자리에서 밀려났다. 과학자들이 캘리포니아주 앞바다에서 발견한 신기록의 주인공은 아주 희귀한 고래 종인 민부리고래였다. 민부리고래는 수심 2992m까지 손쉽게 내려갔고, 무호흡 상태로 잠수한 시간은 137.5분이나 되었다. 수심과 잠수 시간 모두 세계 신기록에 해당하는 기록이었다!

민부리고래는 어떤 동물일까? 민부리고래는 은밀하게 살아가는 부리고래과의 한 종으로, 거대하고 불그스름한 돌고래처럼 생겼다. 부리고래과에는 모두 23종이 있지만, 대다수 종은 살아 있는 모습이 목격되더라도 한두 번 목격되는 것에 그쳤고, 대부분은 머리뼈나

민부리고래
Ziphius cavirostris

향유고래보다 더 깊이 잠수하는 포유류는
남방코끼리물범과 민부리고래 두 종밖에 없다.

남방코끼리물범
Mirounga leonina

해변으로 밀려온 개체를 통해 알려졌다. 따라서 세계 최고의 잠수부 가족은 아직도 수수께끼에 싸여 있다. 그러니 민부리고래의 먼 친척들 중에서 더 뛰어난 잠수부가 있을지 누가 알겠는가? 그리고 이 동물들의 적응 능력은 아직 제대로 알려지지 않았으니 이보다 더 뛰어난 잠수 기록도 얼마든지 나올 수 있다. 바다에는 아직 발견되지 않은 고래들이 숨어 있고, 이들이 깜짝 놀랄 만한 능력을 갖고 있을지도 모르기 때문에, 바다를 더욱 신비로운 장소로 만든다. 앞으로 또 무슨 일이 일어날지 모른다.

크릴

바다의 청소부

아주 작은 채식성 새우가 어떻게 바다 전체에 영양을 공급하고
지구를 생명이 살 수 있는 장소로 만들까?

칵테일 새우

우리는 크릴에 관심을 기울이지 않지만, 바다에서 크릴(난바다곤쟁
이)이 차지하는 비중은 빵가게에서 밀이 차지하는 비중만큼 크다.
거대한 고래에서부터 작은 고등어와 펭귄, 다랑어, 돌고래, 앨버트로
스에 이르기까지 크릴에 의존해 살아가는 동물은 셀 수 없이 많다.

크릴krill('작은 물고기 유생'이란 뜻의 노르웨이어에서 유래한 이름)
은 난바다곤쟁이목에 속한 갑각류를 뭉뚱그려 부르는 이름인데, 언
뜻 봐서는 그다지 특별한 점이 전혀 눈에 띄지 않는다. 몸길이는 수
센티미터에 불과하고, 아페리티프에 칵테일소스와 함께 나오는 분
홍새우를 닮았다. 몸은 반투명하고, 생물 발광 물질인 인을 함유하
고 있어 가끔 빛을 내 동료와 의사소통을 한다. 하지만 이 점 말고
는 다른 새우들과 아주 비슷하다. 한 가지 특별한 점은 그 수가 아

주 많다는 것이다. 그것도 셀 수 없이 많다.

　크릴 떼는 1m³의 공간에 3만 마리 이상이 들어가므로 이 작은 동물의 수가 얼마나 많은지는 상상하기조차 어렵지만, 전 세계의 크릴을 모두 모으면 무게가 수십억 톤 이상이 될 것으로 추정된다. 남극크릴*Euphausia superba*만 해도 약 5억 톤이나 되는데, 남극크릴은 전 세계의 야생 동물 중에서 생물량이 가장 많은 종이다.

식물성 먹이를 영리하게 섭취하는 크릴의 비결

크릴이 이토록 풍부하게 존재하는 비결은 무엇일까? 그 답은 간단하다. 하루 종일 오로지 먹는 데 시간을 보내기 때문이다. 크릴은 해양 먹이 사슬에서 첫 번째 단계를 이루는 미소 조류(식물 플랑크톤의 일종)를 주로 먹고 산다. 즉, 크릴은 먹이 사슬의 가장 기본적인 에너지원에서 직접 에너지를 얻는데, 이것은 더 높은 단계의 먹이를 섭취하는 것보다 훨씬 효율적이다.

　그리고 식물 플랑크톤을 섭취할 때, 크릴은 이 먹이가 풍부한 장소를 공략하는 법을 알고 있다. 겨울철에 극지방에서 크릴 유생은 차가운 빙산 얼음 아래에 자라는 조류 밭을 찾아가 조류를 뜯어먹는다. 여름철에는 빙산 얼음이 녹고 일조 시간이 늘어나면서 물에 빛과 영양분이 풍부하게 공급된다. 그 결과로 식물 플랑크톤이 경이롭게 급증하는데, 이 현상을 플랑크톤 대증식plankton bloom이라 부른다. 크릴은 바다에 넘쳐나는 이 영양분 노다지를 놓치지 않는다. 그럼으로써 바다에서 장관을 이루는 가장 큰 연쇄 만찬이 시작된다. 크릴 덕분에 극지방의 모든 동물이 이 축제에 참여해 일 년 동안 쓸 에너지를 비축한다. 대왕고래나 게잡이물범 같은 종은 크릴을 먹고 살아가도록 전문화되어 있다. 만약 연어 살이 선홍색을 띠고, 물범이 통통하게 살이 찌고, 고래가 아주 거대하게 자랐다면(134쪽 참고), 모든 감사는 크릴에게 돌려야 한다.

코트다쥐르 앞바다의 크릴

크릴은 더 따뜻한 바다에서는 다소 눈에 띄지 않게 활동한다. 코트다쥐르(프랑스 남동부에 위치한 지중해 해안 지역) 해안에서 100km쯤

크릴 *Euphausia superba*

얼음 아래의 크릴. 크릴은 겨울철에 빙산 아래에 붙어 자라는 조류를 섭취한다!

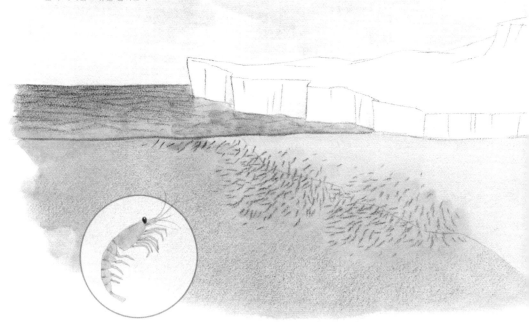

떨어진 앞바다에서 극지방처
럼 열광적인 야생의 만찬이 벌
어지리라고는 기대하기 어렵다.
하지만 이곳에서 실제로 그런 일
이 일어난다. 만약 수심 측정기로 수심
을 재면서 니스와 코르시카섬 사이를 항해한다면 거무스름
하고 커다란 덩어리들이 눈에 띌 것이다. 그것들은 높이가 수백 미
터나 되는 거대한 크릴 떼이다. 빙하기 이래 이 온대 지역에 고립된
크릴 떼는 수심이 깊고 온도가 차가운 구역에서만 살아간다. 크릴
은 밤에만 수면으로 올라와 식물 플랑크톤을 섭취한다. 하지만 수심
400m 깊이에서는 거대한 지중해큰고래(길이가 20m나 되는)가 하루
종일 크릴을 잡아먹으면서 돌아다닌다. 크릴은 지중해큰고래의 주
요 먹이이기도 하다.

　아주 작은 크릴은 해양 먹이 사슬에서 중요한 기둥이지만, 그
역할은 단순한 영양 공급원에 그치지 않는다. 크릴은 지구의 모든
생물에게 없어서는 안 될 존재인데, 기후에도 큰 영향을 미치기 때
문이다.

지구 온난화에 맞서 싸우는 크릴

아주 작은 크릴이 어떻게 거대한 행성의 기후에 영향을 미칠까? 이
번에도 그 답은 아주 간단하다. 평소에 자신이 잘하는 일을 함으로

써 그런 결과를 낳는다. 즉, 열심히 먹이를 먹어치움으로써 그 일을 해낸다. 대기는 바다와 접촉하고 있는데, 기체 교환을 통해 대기 중의 CO_2 중 일부가 물에 녹는다. 이 물리적 현상으로 인해 상당량의 CO_2(인간이 배출하는 총량의 약 30%에 이르는)가 차가운 물을 통해 바닷속 깊은 곳에 갇힌다. 그런데 또 다른 현상(이번에는 생물학적 과정)으로 인해 바다는 지구에서 가장 거대한 탄소 펌프 역할을 한다. 그것은 바로 먹이 사슬이다.

이 과정은 물속에 녹은 CO_2를 흡수해 광합성을 통해 유기 물질로 바꾸는 식물 플랑크톤에서 시작된다. 이 탄소는 숙주인 조류의 조직으로 옮겨간다. 그리고 조류는 크릴의 먹이가 되는 경우가 많다.

식물 플랑크톤 섭취를 통해 크릴의 몸속에 들어간 탄소는 어떻게 될까? 이 탄소의 운명은 여러 가지가 있는데, 일부는 당류의 형태로 갑각류의 에너지원으로 쓰인다. 그리고 크릴이 호흡을 할 때 CO_2의 형태로 물속으로 배출된다. 일부는 크릴의 몸속에 고정된다. 그리고 크릴은 죽어서 바다 밑에 쌓이거나 다른 동물에게 잡아먹히게 된다. 마지막으로 일부는 크릴의 배설물로 배출된다. 크릴이 지구의 기후에 중요한 역할을 하는 비밀은 바로 여기에 있다.

크릴은 수면에서 식물 플랑크톤을 섭취하긴 하지만, 그곳에서 바로 소화하진 않는다. 수면에 가까운 곳은 포식자가 많이 돌아다니기 때문에, 크릴은 깊은 곳의 안전한 장소로 내려가 소화를 시킨다. 크릴의 배설물은 길이 1cm가량의 딴딴하고 둥근 덩어리인데, 다른 층과 섞이지 않는 깊은 층에 그대로 머물게 된다. 그래서 배설물에 포함된 탄소와 자주 탈피를 하는 크릴의 껍데기에 포함된 탄소는 대기와 분리된 채 깊은 바닷속에 머물게 된다. 때로는 수천 년 동안이나 그곳에 머문다.

크릴 자신의 아주 작은 똥으로 지구 온난화에 맞서 싸우는 노력은, 대규모 오염 유발 업체들에게 계속 보조금을 지불하면서 쓰레기를 분류하거나 플러그를 뽑으려고 노력하는 우리의 '자은 행동'에 비하면 아주 보잘것없는 것처럼 보일 수 있다. 하지만 크릴은 그 수가 어마어마하게 많기 때문에 이 '보잘것없는 행동'이 모인 전체 효과는 아주 크다. 남극해에 서식하는 크릴 개체군만 고려하더라도, 매년 약 2300만 톤의 탄소를 바닷속 깊은 곳에 저장하는 효과가 있는 것으로 추정되는데, 이것은 자동차 3500만 대가 배출하는 탄소와 맞먹는다. 그러니 '벌새 효과hummingbird effect'는 '크릴 효과'로 바꿔 부르는 게 더 적절해 보인다!

다른 바다 동물들의 기여

지구 온난화에 미치는 크릴의 효과에 너무 주목한 나머지 그에 못지않게 중요한 역할을 하는 다른 바다 동물들의 기여를 잊어서는 안 된다. 298쪽에서 다시 만나게 될 피낭동물인 살파는 크릴과 비슷한 수준으로 탄소 펌프 기능을 수행한다. 그 밖에도 같은 역할을 수행하는 플랑크톤 종이 많은데, 그것을 정확하게 밝혀내려면 더 자세한 연구가 필요하다. 생물량과 기후 사이의 이러한 상호 작용은 아직 제대로 밝혀지지 않은 게 많기 때문이다.

먹이 사슬에서 더 높은 곳에 위치한 포식자들도 빼놓을 수 없다.

예컨대 143쪽에서 보게 되겠지만, 고래도 탄소를 바닷속 깊은 곳으로 내려보내는 데 중요한 기여를 한다.

크릴보다 훨씬 작은 플랑크톤성 갑각류인 요각류는 바다의 순환에서 중요한 역할을 한다. 이 작은 동물은 여름에는 수면 근처에서 배불리 먹이를 섭취하며 살을 찌웠다가 겨울에는 바닷속 깊이 잠수하여 몸에 저장된 지방으로 살아간다. 몸에 축적된 지질에는 대기 중의 탄소가 포함돼 있는데, 이 지질은 겨울에 깊은 수층에서 대사가 일어난다. 즉, 요각류의 몸에서 연소되면서 탄소가 CO_2의 형태로 배출된다. 이렇게 바다 깊은 곳에서 배출된 탄소는 '영구 밀도 약층'(약층躍層은 바다나 호수에서 물의 온도가 수직 방향으로 불연속적으로 급변하는 층을 말한다.—옮긴이) 아래에 머물게 된다. 영구 밀도 약층은 밀도 차이로 나누어진 수층으로, 밀도 차이 때문에 위에 있는 층으로 물의 이동이 일어나지 않는다. 이렇게 요각류는 탄소 펌프에 아주 중요한 기여를 하는데, 요각류는 바닷속 깊은 곳에서만 CO_2를 배출하는 반면, 수면 근처에서는 질소와 인 같은 영양소를 배출해 식물 플랑크톤의 성장을 돕는다.

소중한 바다의 정원사

바다의 수층들은 케이크를 이루는 층들과 비슷하다. 층들은 거의 섞이지 않지만, 각 층은 전체적인 조화에 기여한다. 그렇긴 해도 그러려면 수층들 사이에 미묘한 교환이 일어나야 한다. 바로 우리의 주

인공 크릴이 여기서 또 한 가지
중요한 임무를 수행한다.

칼라누스 핀마르키쿠스
Calanus finmarchicus

　이것은 아직은 가설에 불과
하긴 하지만, 마치 지렁이가 흙 속을 돌아다
니면서 흙층들을 뒤섞는 것처럼 크릴 같은 플랑크
톤성 생물이 바다의 수층들 사이를 오가면서 물을 뒤
섞음으로써 바다의 정원사 역할을 하는 것으로 보인
다. 밤중에 먹이를 섭취하는 수면 부근과 낮 동안에 소화
를 하면서 지내는 깊은 물 사이를 매일 오가는 크릴의 여행은 동물
계에서 가장 규모가 큰 이동이다. 매일 저녁마다 크릴과 요각류, 살
파뿐만 아니라 온갖 종류의 해파리, 멸치, 유생, 그리고 훨씬 거대한
황새치에 이르기까지 수많은 바다 동물 종이 먹이를 섭취하기 위
해 수면 가까이 올라왔다가 아침이 되면 깊은 곳으로 내려가 소화
를 시킨다. 식물 플랑크톤은 정반대로 움직이는데, 낮 동안에 햇빛
을 받아 광합성을 하기 위해 수면 위로 올라온다.

　이 모든 동물의 움직임으로 많은 물이 뒤섞이는데, 이 현상은
광대한 바다에서 일어나는 영양분 순환의 주요 원동력 중 하나이다.

위기에 처한 크릴

크릴처럼 작은 동물이 지구 전체 차원에서 담당하는 역할은 이제
막 알려지기 시작했지만, 한 가지만큼은 분명하다. 크릴은 지구에

없어서는 안 될 아주 중요한 역할을 한다. 해양 먹이 사슬의 균형은 전 세계의 기후와 그에 수반되는 온갖 순환에 중요한 역할을 한다.

따라서 크릴을 보존하는 것이 아주 중요하다. 문제는 먹이 사슬이 아주 복잡하다는 점이다. 육지에서는 일반적으로 먹이 그물(먹이 사슬들이 그물처럼 서로 얽혀 있는 관계)이 단 세 단계로만 이루어져 있다. 햇빛에서 에너지를 얻는 식물과 식물을 먹는 초식 동물, 초식 동물을 먹는 육식 동물이 그것이다. 하지만 바다에서는 그 단계가 10개 이상이나 된다!

플랑크톤 유생은 다른 플랑크톤 유생을 잡아먹고, 갑각류는 플랑크톤 유생을 잡아먹는 한편으로 더 큰 갑각류의 먹이가 된다. 작은 물고기는 더 큰 물고기의 먹이가 되고, 더 큰 물고기는 다시 더 큰 동물의 먹이가 된다. 한 종이 동일한 먹이 사슬에서 여러 가지 역할을 할 때도 있는데, 유생 단계에서는 먹이가 되었다가 어른이 되면 포식자가 된다. 이렇게 길고 복잡한 먹이 그물은 필연적으로 취약할 수밖에 없다. 생물 다양성이 풍부할 때에는 먹이 그물의 탄력성이 아주 좋지만, 한 단계가 망가지기라도 하면 전체가 와르르 무너질 수 있다. 그래서 설령 그 역할이 대단해 보이지 않는 종이라 하더라도 특정 종의 남획은 전체 생태계를 위험에 빠뜨리는 사태를 초래할 수 있다.

오늘날 남획은 기후까지 위협하고 있다. 남획은 그 지속 가능성에 대한 이해가 매우 부족한 상태에서 크릴에까지 확산되고 있기 때문에 지금 긴급하게 경종을 울릴 필요가 있다.

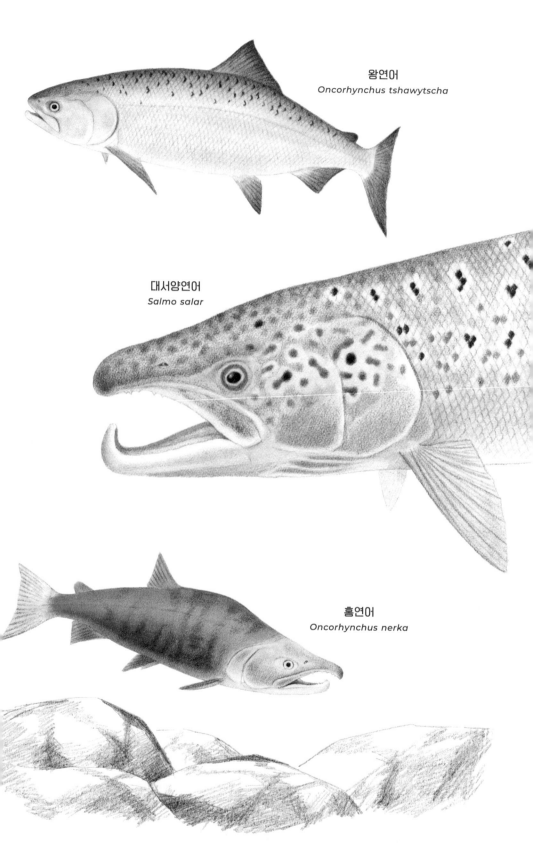

왕연어
Oncorhynchus tshawytscha

대서양연어
Salmo salar

홍연어
Oncorhynchus nerka

연어

두 가지 물을 오가기 위한 변신

우리의 경험으로는 민물에서 헤엄을 치건 바닷물에서 헤엄을 치건 그다지 큰 차이가 없는 것처럼 보인다. 하지만 연어에게 그것은 우주가 완전히 바뀌는 변화와도 같다. 한 세계에서 다른 세계로 이동하려면, 물의 물리학에서 매우 위험한 현상 중 하나를 극복해야 한다.

삼투 현상

소금은 프랑스인을 두 진영으로 나누듯이, 물고기들도 두 진영으로 나눈다. 프랑스인이 무염 버터 애호가와 가염 버터 골수팬으로 확연히 갈린다는 사실은 널리 알려져 있다. 물고기도 민물고기(담수어)와 바닷물고기(염수어, 짠물고기)로 양분되는데, 이 두 진영은 서로 섞이는 법이 절대로 없다.

물에서 살아가는 대다수 생물은 짠물과 민물 환경 중 어느 한쪽에만 적응해 살아간다. 염분 차이가 크게 나는 환경을 오가며 견뎌낼 수 있는 종은 거의 없다. 이것은 미각의 취향이나 개인적 선택 문제가 아니라 실제적인 물리적 제약 때문이다. 민물고기는 바다에서 오래 살아남을 수 없으며, 바닷물고기 또한 민물에서 살 수 없다. 이것은 물에 사는 모든 생물이 따라야 하는 엄격한 법칙 때문인데, 그것은 바로 삼투 현상이다.

삼투 현상은 우리의 삶에도 큰 영향을 미치는 보편적인 현상이지만, 많은 사람은 학교에서 제대로 배우지 못해 이 현상에 별로 신경을 쓰지 않는다. 그 원리는 아주 간단한데, 물이 담긴 냄비에 소금을 한 움큼 집어넣으면 이 현상을 직접 볼 수 있다. 소금은 한 곳에 가만히 머물러 있지 않는다. 물은 소금을 녹일 뿐만 아니라, 냄비 속 모든 곳의 농도가 균일해질 때까지 이동하기 때문이다. 이것은 아주 간단해 보이지만, 물이 용액의 농도를 균일하게 만드는 이 경향은 아주 엄청난 결과를 초래한다. 아주 짠 물과 덜 짠 물이 만나면, 전체 농도가 균일해질 때까지 덜 짠 물이 더 짠 물 쪽으로 옮겨가는 일이 자연 발생적으로 일어난다. 그래서 물은 농도를 균일하게 만들기 위해 항상 염분이 낮은 환경에서 염분이 높은 환경으로 이동하려는 경향이 있다. 물고기처럼 염분이 높거나 낮은 물에 늘 노출된 채 살아가는 동물에게 이것은 큰 문제가 된다.

두 가지 염분, 두 가지 환경

물고기 세포도 우리 세포와 마찬가지로 제 기능을 하려면 특정 농도의 미네랄 용액이 필요하다. 이 체액의 생리적 농도는 1리터당 약 9g(0.9%)이다. 이것은 바닷물보다 약간 낮고, 민물보다 높다. 다시 말해서, 물고기 체액은 바닷물보다는 약간 덜 짜고, 민물보다 조금 더 짜다.

그 결과로 물고기가 바다에서 살 때에는 주변 환경의 염분 농도가 더 높기 때문에 몸속의 물이 밖으로 빠져나가는 경향이 있다. 그러면 청어나 대구 토막을 소금에 절였을 때 모든 물이 '빠져나가는' 것처럼 물고기는 탈수가 일어날 위험이 있다. 그래서 몸이 바짝 마르는 것을 피하기 위해 바닷물고기는 끊임없이 물을 들이마신다. 마실 물이 바닷물밖에 없기 때문에, 아가미와 콩팥은 과량의 소금을 배출하는 임무를 계속 수행해야 한다.

민물고기의 경우에는 정반대 문제가 생긴다. 민물은 민물고기보다 염분 농도가 낮기 때문에 물이 저절로 몸속으로 스며들어온다. 그래서 민물고기는 늘 물로 가득 채워지기 때문에, 가만히 있으면 세포들이 부풀어 터지고 말 것이다. 호수와 강에 사는 물고기는 끊임없이 오줌을 통해 물을 배출해야 한다.

한 세계에서는 끊임없이 물을 마셔야 하고, 다른 세계에서는 끊임없이 오줌을 통해 물을 배출해야 한다. 그래서 두 세계의 물고기는 이 두 가지 구속 조건 중 하나를 해결하기 위해 온갖 종류의 적응 기술이 발달했는데, 두 환경의 요구 조건을 동시에 만족시키기는 매우 어렵다. 하지만 어렵긴 해도 아예 불가능한 것은 아니다. 그 어려운 일을 해낸 물고기가 바로 연어이다.

연어의 변신

연어는 강 상류에서 태어나는데, 다른 민물고기와 마찬가지로 늘 세포들에 침입하는 물을 배출하기 위해 열심히 오줌을 누면서 어린 시절을 보낸다. 그러다가 세 살 무렵이 되면 바다가 부르는 소리가 들리기 시작한다. 이제 강은 자신의 활동 무대로는 너무 좁아 보인다. 그래서 바다로 이동하는데, 그 과정에서 삼투 충격을 견뎌내기 위해 변신을 한다. 그것은 애벌레가 나비로 변하는 곤충의 변태에 전혀 뒤지지 않는 진정한 변신이다. 겉모습에서는 단지 몸 색깔의 변화만 눈치챌 수 있는데, 피부와 눈이 영롱한 은색으로 변한다. 하지만 내부에서는 몸 전체가 완전히 거꾸로 뒤집힌다.

바닷물고기가 된 연어는 한동안 북유럽 바다에서 지내면서 이곳의 크릴을 잡아먹으면서 살을 찌운다. 그러다가 자신이 태어난 강으로 되돌아간다. 냄새로 길을 찾으면서 그곳을 향해 열심히 헤엄을 친다. 강 입구에 도착한 연어는 다시 반대 방향의 변신을 해야 한다. 그 끔찍한 삼투 현상에 맞서기 위해 몸을 전면적으로 바꾸는 변신이 일어난다!

운명의 갈림길

먹이를 많이 섭취하기 위해 바다로 가기로 한 연어의 선택은 아주 탁월하다. 무한히 많은 영양분이 넘치는 바다의 막대한 생물량을 이용할 수 있기 때문이다. 강의 동물상은 그에 비하면 다소 빈약한 편이다. 그래도 강으로 온다면 큰 대가를 치러야 한다. 나중에 알을 낳기 위해 태어난 곳으로 되돌아오려면, 수천 해리에 이르는 바다를 건너고 다시 강을 거슬러 수백 킬로미터를 올라가는 매우 힘들고 위험한 여행을 해야 하는데, 강에 작은 댐이라도 들어서면, 연어 개체군 전체가 죽음을 맞이할 수도 있다.

　　그래서 송어 같은 일부 물고기는 두 가지 선택지를 놓고 저울질을 한다. 알에서 깨어난 송어에게는 두 가지 운명의 갈림길이 기다리고 있다. 강에서 민물고기로 평온한 삶을 살아갈 수도 있고, 바다로 가는 쪽을 선택할 수도 있다.(강에서 살아가는 송어를 육봉형陸封型 송어truite fario라고 하고, 바다로 가는 송어를 강해형降海型 송어truite de mer라고 한다. 유럽에서는 육봉형 송어를 흔히 브라운송어라고 부른다.—옮긴이) 그러면 송어는 연어처럼 바다로 이동을 했다가 때가 되면 산란을 하기 위해 자신이 태어난 강으로 되돌아온다. 이러한 운명은 개개 송어의 유전자에 새겨져 있지 않다. 강해형 송어가 낳은 알에서 태어난 송어가 육봉형 송어가 될 수도 있고, 그 반대가 일어날 수도 있다. 알에서 깨어난 각각의 송어가 어떤 운명을 선택할지는 예단할수 없다. 이 전략은 전체적으로 이 종에게 큰 도움이 되는데, 재앙적

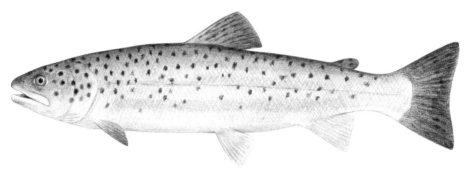

어른 브라운송어

어린 브라운송어

강에서 태어난 브라운송어*Salmo trutta* 앞에는 두 가지 운명이 기다리고 있다. 그곳에서 평생을 보내든가 바다(혹은 바다가 없는 경우에는 큰 호수)로 이동하는 것이다. 이 브라운송어가 어떤 선택을 할지는 아무도 모른다!

청소년 브라운송어

인 홍수나 가뭄으로 강에 사는 모든 송어의 서식지가 파괴되더라도, 항상 개체군 중 일부가 안전한 바다에도 살고 있으므로 환경의 균형이 회복되었을 때 강의 서식지를 다시 채울 수 있기 때문이다.

바다와 민물 사이를 오가면서 살아가는 물고기는 연어와 송어뿐만이 아니다. 비록 전체 수생 동물 종 중에서 차지하는 비율은 미미하더라도 청어, 칠성장어, 철갑상어, 곤들매기, 숭어, 뱀장어를 비롯해 그러한 물고기의 명단은 아주 길다.

거북의 눈물

물고기는 전체 진화사를 물속에서 보내면서 삼투 현상으로 인한 액체의 흐름을 조절하는 데 적응했다. 하지만 육지에서 살다가 바다로 돌아간 종들은 짠물 환경에 대처하는 것이 아주 큰 문제였다. 파충류와 바닷새의 콩팥은 수분 공급을 위해 마신 바닷물의 염분을 다 배출하지 못한다. 그래서 여분의 염분을 처리하기 위한 별도의 분비샘이 있다. 바다거북의 경우, 소금샘salt gland이라 부르는 이 샘이 눈 옆에 있다. 우리는 물 밖으로 머리를 내민 거북이 '눈물'을 흘린다는 인상을 가끔 받지만, 사실 그것은 진짜 눈물이 아니라 소금물이며, 거북은 이 방법을 통해 여분의 소금을 몸 밖으로 배출한다!

이구아나는 소금샘이 콧속에 있는데, 일정한 간격으로 재채기를 함으로써 매우 짠 소금물을 격렬하게 내뿜는 방법으로 소금을 몸 밖으로 배출한다. 바닷새도 바닷물의 염분을 배출하는 샘이 있다. 그것은 부리와 비슷한 높이의 콧구멍 위에 있는데, 128쪽에서 보는 것처럼 앨버트로스(신천옹)의 부리가 기묘한 모양을 하고 있는 이유는 이 때문이다. 이러한 방법으로 염분을 배출하려면 물의 삼투압에 맞설 수 있는 힘이 필요한데, 그 힘을 얻으려면 자연적 흐름을 거스르며 물과 이온을 펌프질하는 데 필요한 에너지를 공급해야 하고, 여기에는 아주 복잡한 세포 기구가 작동한다.

썰매개를 취하게 만드는 상어 고기

바닷물고기는 삼투 현상을 극복하기 위해 물을 마시고, 거북은 눈물을 흘리는 방식을 선호한다. 상어와 가오리는 바다에서 적절한 수분 함량을 유지하기 위해 훨씬 독창적인 기술을 사용한다. 삼투 현상은 소금뿐만 아니라 모든 종류의 용질에서 일어난다. 물은 어느 것에도 차별을 두지 않고 모든 용액에서 농도를 일정하게 맞추려고 노력한다. 물은 용질의 종류에 상관없이 항상 농도가 낮은 쪽에서 농도가 높은 쪽으로 옮겨가려고 한다. 그래서 상어는 기발한 방법을 생각해 냈다. 상어는 자신의 몸속에 높은 농도의 용질(요소)을 채웠는데, 그 농도는 바닷물 속에 포함된 소금의 농도와 동일하다. 그러면 갑자기 물은 딜레마에 봉착하게 된다. 한편으로는 요소 용액을 묽게 하기 위해 상어의 몸속으로 침투해야 하지만, 다른 한편으로는 염분 농도가 더 높은 바닷물 쪽으로 가기 위해 상어의 몸 밖으로 빠져나가야 한다. 그런데 두 성분은 양쪽에 동일한 농도로 존재하기 때문에, 한 효과가 다른 효과보다 우세하지 않다. 전체적으로 볼 때, 물은 상어 몸속으로 들어가지도 밖으로 나오지도 않는다. 따라서 상어는 물을 마시거나 오줌으로 물을 배출할 필요가 없다. 체액과 바닷물 사이의 삼투압이 균형을 이룬 이런 상태를 등장성等張性이라고 한다.

이렇게 독창적인 전략 때문에 상어와 가오리의 살에서는 요소에서 유래한 암모니아 냄새가 강하게 난다. 이누이트의 썰매개는 그린

게잡이개구리 *Fejervarya cancrivora*

게잡이개구리(맹그로브개구리)는 바다 환경에 적응한 희귀 양서류 중 하나이다. 게잡이개구리는 상어와 동일한 방법을 사용하는데, 바닷물과 민물이 섞이는 장소로 뛰어들 때 몸속을 요소 용액으로 가득 채운다.

란드상어 고기를 자주 먹는데, 너무 많이 먹다 보면 취한 상태에 빠진다. 요소를 과다 섭취하면 그것에 중독되어 술에 취한 것과 같은 상태가 되기 때문이다. 상어가 자신의 요소에 중독되지 않는 이유는 트리메틸아민 옥사이드trimethylamine oxide라는 화합물 때문인데, 이 화합물은 단백질의 펩타이드 결합을 보호함으로써 요소의 효과를 무력화시킨다.

체액의 염분 농도가 바닷물과 같은 동물

소금이 아닌 다른 용질로 물을 속이는 상어와 가오리의 전략은 척추동물들 사이에서는 보기 어렵다. 반대로 무척추동물 사이에서는 아주 광범위하게 관찰된다. 조개류, 갑각류, 극피동물은 이 전략을 사용해 삼투압 균형을 유지한다.

더 극단적인 방법을 사용하는 바다 동물들도 있다. 이들은 몸 자체의 염분 농도가 바닷물과 같다. 자포동물(해파리, 산호, 말미잘 등)이 이에 해당하는데, 해면동물(해면)과 293쪽에서 만나게 될 피낭동물 역시 그렇다. 이들을 삼투 순응형 동물이라고 부른다. 이들은 몸속의 체액에 녹아 있는 염분의 농도를 조절하려고 애쓰는 대신에 단순히 외부의 농도에 순응한다.

생명의 원천인 소금

생물학에서 삼투 현상은 큰 의미가 있으며, 단순히 연어에게 계속 오줌을 누게 만드는 제약 조건에 불과한 게 아니다. 사실, 그것은 생명의 주요 원동력 중 하나이다!

모든 세포가 다양한 이온을 외부와 교환할 수 있는 것은 세포 내 환경과 세포 외 환경 사이의 염분 불균형 때문인데, 이것은…… 전위차를 만들어내고(신경세포의 경우), 의사소통을 하고, 움직임을 만들어내고, 온갖 종류의 흐름을 시작하게 하는 것을 포함해 사실상 거의 모든 것에 유용하게 쓰인다. 삼투 현상은 에너지원인 동시에 생명의 원천이기도 하다. 생물물리학자에게 생명을 물리적으로 정의해보라고 한다면, 필시 "어떤 계가 평형에 저항해 그러한 비평형 상태에서 자신을 상당 기간 유지하는 현상"이라고 대답할 텐데, 이 표현은 삼투 현상이 얼마나 중요한지 말해준다. 삼투 현상은 사실상 다양한 용액의 농도 불균형으로 인해 일어나는 모든 대사 작용의 기반을 이루는데, 그 상태에서 삼투 현상은 끊임없이 균형을 회복하려고 시도하면서 모든 생명체에 필수적인 에너지와 물질의 이동을 야기한다.

이 사실을 바탕으로 과학자들은 생명의 탄생은 구멍이 많은 벽이 그러한 삼투압 불균형을 촉진한 장소에서 일어났을 것이라고 추정한다. 이 기준에 부합하는 장소로 가장 가능성이 높은 곳은 바다이며, 그중에서도 특히 해령과 비슷한 수심에 있는 열수 분출공(145쪽 참고)이다.

3부

경계면

물과 공기 사이의 경계

지구에 사는 동물은 크게 세 종류로 나눌 수 있다. 공기 중에서 살아가는 동물, 물속에서 살아가는 동물, 그리고 그 나머지 동물이 있다.

두 세계 사이의 경계인 바다 표면에 들러붙어 살아가는 종들이 많다. 한쪽에서는 어떤 종들이 수면 위를 뛰어다니고, 반대쪽에서는 박쥐처럼 수면에 거꾸로 매달려 살아간다. 어떤 종들은 한 세계에서 다른 세계로 건너가는 모험을 선호하는데, 때로는 위험한 횡단의 대가를 치러야 한다.

풍선 표면처럼 늘 팽팽한 바다 표면은 지구에서 가장 큰 생태계이자 가장 덜 알려진 생태계 중 하나이다.

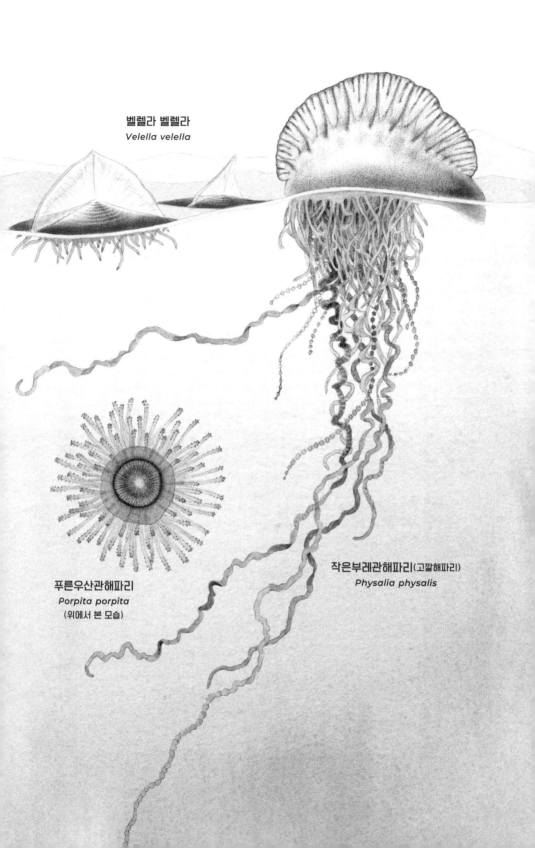

벨렐라 벨렐라
Velella velella

푸른우산관해파리
Porpita porpita
(위에서 본 모습)

작은부레관해파리(고깔해파리)
Physalia physalis

수표동물

파란 함대의 보트 경주

바다는 인간의 마음과 닮은 점이 있다. 깊이 잠수하여 그 속을
들여다보지 않으면 표면의 피상적인 모습만 보게 된다. 우리 눈
앞에 늘 존재하는 바다 표면은 우리가 그것이 숨기고 있는 비밀
을 캐내려고 안달하면서도 그다지 주목하지 않는 베일과 같다.
하지만 지표면과 마찬가지로 바다 표면에도 나름의 숲과 오아
시스, 군집이 있다. 자, 그러면 해수면의 수평 우주를 둘러보기
로 하자.

두 세계 사이에서

위대한 항해가가 아니더라도, 공기와 바다의 경계면이 특별한 환경
이라는 것은 누구나 쉽게 알아챌 수 있는데, 해수면은 항상 움직이
고 거의 항상 밝은 햇빛이 내리쬔다. 이곳 동물들은 두 세계 사이의
경계면에서 살아간다. 그래서 이들은 극단적인 법칙과 힘의 지배를
받는데, 그 법칙과 힘은 우리처럼 한 번에 한 세계에서만 살아가는
존재가 경험하는 것과는 아주 다르다.

　하지만 이러한 제약에도 불구하고, 해수면은 결코 사막처럼 황

량한 곳이 아니다. 아주 많은 생물이 위쪽의 파란 하늘과 아래쪽의 파란 바닷속을 가르는 이 얇으면서도 광대한 막 위에 자리를 잡고 살아간다. 이 생물 집단을 뭉뚱그려 수표동물이라 부른다.

해파리 뗏목

저 멀리 바다를 바라보면, 처음에는 우리 눈에 파도밖에 보이지 않는다. 그러다가 돌연히 저 멀리 수평선에 범선이 나타난다. 바람과 해류를 이용해 수면 위를 이동하는 방법은 인류가 먼 옛날부터 사용해온 기술이지만, 이 방법을 사용할 줄 아는 종은 우리뿐만이 아니다! 많은 바다 동물도 돛을 사용해 이동하는 방법을 발견했고, 그 방법에 크게 의존해 평생 동안 수면 위를 떠다니며 살아간다. 바람에 몸을 맡기고 이리저리 떠다니는 히드라충류 대함대가 대표적이다.

풍선이나 종이배처럼 생긴 이 동물들은 하늘과 바다 사이에서 작은 뗏목들처럼 떠다니는데, 해양생물학자들은 이들을 '파란 함대 blue fleet'라는 시적인 이름으로 불렀다. 히드라충류는 모양과 크기가 아주 다양하다. 작은 보트에 해당하는 벨렐라 벨렐라는 바람을 받기 위해 반투명한 돛을 올린다. 소형 범선에 해당하는 작은부레관해파리(고깔해파리)는 거대한 부표를 삼각돛처럼 부풀려 물 밖으로 내민다. 작은부레관해파리는 살아 있는 트롤선과 같은데, 파도 아래로 복잡하게 얽힌 독그물을 늘어뜨리고 이동하면서 물고기와 갑각류를 붙잡는다. 꽃 모양으로 생긴 미래형 뗏목인 푸른우산관해파리는 촉수로 먹이를 붙잡는다.

얼핏 보기에 히드라충류는 해파리를 닮았고, 실제로 둘은 사촌에 해당할 만큼 가까운 관계에 있다.(그래서 히드라충류인데도 이름에 '해파리'가 들어간 종이 많다.—옮긴이) 하지만 둘은 바다에서 이동할 때 서로 다른 전략을 구사한다. 해파리는 홀로 항해하는 반면, 히드라충류는 전체 무리에 의존해 이동한다. 작은 선박처럼 보이는 작은 부레관해파리와 벨렐라 벨렐라와 푸른우산관해파리는 하나의 개체가 아니라 많은 선원으로 이루어진 공동체이다. 각각의 뗏목은 여러 개체 혹은 폴립polyp이 모여 이루어진 초개체로, 각각의 개체가 주어진 역할을 수행하는 하나의 사회이다. 선박의 선체 자체도 선원들의 집단인데, 이 기포체氣胞體는 공기로 부풀릴 수 있는 폴립으로, 그 질감은 셀로판지를 연상시킨다. 그 가장자리에는 낚시꾼 폴립들이 늘어서 있는데, 자세포가 늘어선 촉수로 플랑크톤 먹이를 붙잡는다. 요리사 폴립들은 먹이를 소화해 전체 선원에게 나누어준다. 그리고 생식 담당 폴립은 생식세포를 방출한다.

수정을 통해 태어난 유생은 넓은 바다에서 삶을 시작한다. 해파리를 닮은 유생은 수중에서 살아가는 단계를 거친 뒤에야 수면에 도달한다. 그러고 나서 여러 폴립으로 쪼개지면서 홀로 배회하던 생활 방식을 버리고 많은 선원이 함께 의지해 살아가는 생활 방식으로 전환한다.

엇갈린 운명

파란 함대의 선박들은 선장 폴립이나 방향타 폴립이 없다. 그런데도 어떻게 난파를 하지 않을까 하는 궁금한 생각이 든다. 하지만 자세히 관찰하면, 작은부레관해파리나 벨렐라 벨렐라의 돛이 옆으로 기울어져 있다는 사실을 알 수 있다. 어떤 것은 오른쪽으로, 어떤 것은 왼쪽으로 기울어져 있다. 바람이 불면, 돛의 방향에 따라 전체 개체

파란갯민숭달팽이
Glaucus atlanticus

군이 둘로 갈라진다. 가끔 수많은 히드라충류가 해변으로 밀려와 해변의 광대한 지역이 파란색 줄무늬들로 뒤덮이는 일이 일어난다. 자세히 살펴보면, 난파한 히드라충류가 모두 같은 방향으로 기울어진 돛을 갖고 있다는 사실을 알 수 있다. 돛이 반대 방향으로 세워진 히드라충류는 같은 바람의 영향을 받더라도 모두 바다 쪽으로 밀려간다. 이러한 비대칭성 때문에 전체 함대 중 절반은 항상 좌초의 운명에서 벗어날 수 있다. 절반이 해변 쪽으로 밀려온다면, 나머지 절반은 탁 트인 바다 쪽으로 탈출하게 된다!

이렇게 거대한 선단에는 당연히 해적이 꼬이게 마련이다. 나새류인 파란갯민숭달팽이도 그런 해적 중 하나이다. 이 우아한 파란갯민숭달팽이는 단지 뗏목을 먹어치울 뿐만 아니라, 포로로 잡아가기까지 한다. 파란갯민숭달팽이 선장은 잡아간 먹이의 자세포를 아가미와 소화관 역할을 하는 자신의 '손가락' 모양 돌기에 살아 있는 상태로 저장하면서 키운다. 강한 독성을 지니게 된 이 돌기는 파란갯민숭달팽이가 포식자에 대항하는 효과적인 무기가 된다.

물 위를 걷는 마술

히드라충류와 달리 선박을 만들 수단이 없는 동물에게도 물 표면은 충분히 접근 가능한 영역이 될 수 있다. 단, 그 위를 걸을 줄만 안다면 말이다. 바다소금쟁이가 바로 그런 재주를 부리는데, 지구상에 존재하는 약 1000만 종의 곤충 중 유일하게 넓은 바다를 서식지로 삼아 살아간다. 이 수생 곤충은 해수면 위를 걸어다니면서 평생을 보내는 동안 물속으로 빠지지 않는 것은 물론이고 몸이 젖지도 않는다. 예수가 보여준 것과 같은 이 마술을 펼치기 위해 바다소금쟁이는 물 표면 자체의 힘을 이용하는데, 그 힘은 바로 표면 장력이다.

물 표면은 표면 장력이라는 놀라운 성질이 있다. 이 힘은 물 자체의 고유한 속성에서 유래한다. 수소 원자와 산소 원자로 이루어진 물 분자들은 서로 들러붙길 좋아한다. 서로에게 끌리는 경향이 너무나도 강해 물 분자들은 다른 물 분자들과 끊임없이 부딪치면서 뭉치려고 한다. 그래서 공기와의 경계면보다는 한데 모인 물속에 머물러 있으려고 한다. 이 작은 분자들의 소란으로 인해 나타나는 힘이 물 표면을 북 가죽처럼 팽팽하게 만든다. 그래서 물 표면에는 늘 표면적을 최소한으로 만들려는 힘이 작용하는데, 그 결과로 최대한 많은 물 분자가 공기와의 접촉을 피하면서 다른 물 분자들로 둘러싸이게 된다.

자, 다시 우리의 곤충 이야기로 되돌아가보자. 물 표면을 팽팽하게 당기는 표면 장력은 아주 약하다. 인간의 척도에서 볼 때 우리는 그 힘을 전혀 느끼지 못하는데, 그 효과는 우리의 몸무게나 우리가 느끼는 파도의 관성에 비하면 극히 미미하기 때문이다. 반면에 몸무게가 5mg도 채 안 되는 바다소금쟁이처럼 아주 작고 가벼운 동물에게는 표면 장력의 효과가 아주 크게 나타난다. 표면 장력은 몸무게를 충분히 지탱할 수 있을 만큼 커서 바다소금쟁이는 빠지지 않고 물 위를 걸어 다닐 수 있다. 바다소금쟁이는 심지어 바다 표면이 마치 트램폴린이기나 한 것처럼 그 위에서 점프를 하거나 쿵쿵 뛰어갈 수도 있다!

표면 장력 효과를 극대화하고 물 위에 더 잘 뜨기 위해 바다소금쟁이는 나름의 비법을 발달시켰다. 몸은 방수 효과가 있는 밀랍질 털로 뒤덮여 있는데, 이 털은 물과 접촉하는 면적을 늘려 장력 효과를 증대시킨다. 게다가 바다소금쟁이는 물속에 잠기더라도 털들 사이에 갇힌 공기층 덕분에 몸이 물에 젖지 않는다. 나름의 구명조끼를 입고 있는 셈이다.

태어나는 순간부터 물 위를 걸어 다니며 평생을 보내는 바다소금쟁이는 그 때문에 치러야 하는 대가가 있다. 물 위에 떠다니는 잔

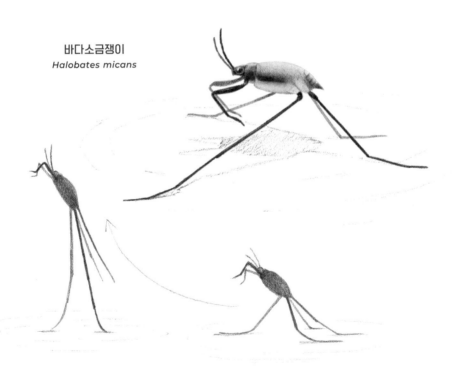

바다소금쟁이
Halobates micans

해물 위에 알을 낳는데, 알이 물속에서 부화하는 경우가 많다. 그러면 알에서 깨어난 새끼는 물 위로 올라와야 하지만, 표면 장력이 일종의 장벽처럼 작용한다. 물 밖으로 나오려면 팽팽한 이 막을 뚫고 올라와야 한다. 몇 시간 동안이나 죽을힘을 다해야만 올라올 수도 있다.

하지만 그렇더라도 이것은 충분히 그 대가를 감수할 만한 가치가 있는 전략이다. 바다소금쟁이는 물 위에 떠다니는 깃털이나 나무를 비롯해 온갖 종류의 물체(심지어 우리가 버린 플라스틱 폐기물까지!)에 알을 낳을 수 있기 때문이다. 바다에 버려지는 플라스틱 폐기물이 날로 늘어나는 상황에 편승해 바다소금쟁이는 산란 장소를 무한정 확보할 수 있다. 우리가 버린 병과 쇼핑백과 케밥 상자 덕분에 바다소금쟁이는 그 어느 때보다 크게 그 수가 늘어나고 있다.

거울의 반대면

공기 중에서 살아가는 우리의 관점에서 보면, 수표동물은 물 위에 떠다니거나 물 위를 걸어다니는 동물들의 집단이다. 거울의 반대면에서 바라보면, 수표동물은 물 밑을 떠다니거나 걸어다니는 동물들이기도 하다. 즉, 동굴 천장에 들러붙어 살아가는 박쥐나 거미처럼 바다의 '천장'에 들러붙어 살아가는 동물들이다.

해저 바닥에서 살아가던 해양 저서동물 중에서 상당수가 이 새로운 개척지에서 거꾸로 매달린 채 살아가는 쪽으로 진화했다. 말미

잘, 갑각류, 조개낙지 등이 이에 속한다. 조개낙지는 암컷이 종이처럼 얇은 알집을 만들어 자신의 몸을 휘감는데, 이것은 앵무조개와 비슷한 방식이어서 종이앵무조개라는 별명도 있다. 이 두족류는 떠다니는 껍데기 속에서 살아가는데, 마치 배를 타고 다니는 문어처럼 보인다. 이들 종은 한 가지 공통점이 있다. 특유의 파란색이 그것이다. 수표동물 특유의 이 파란색은 그들의 생활 방식을 알려주는 상징이기도 하다.

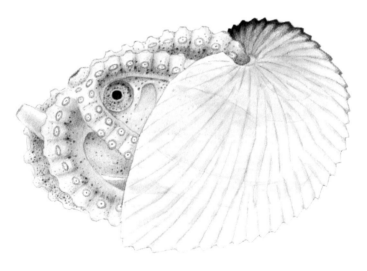

조개낙지 *Argonauta argo*

암컷 조개낙지는 공기로 채워진 부낭을 만드는데, 그 두께는 종이처럼 얇다. 그 속에 알을 넣어 보호한다.

바다 표면에서 살아가기

바다 표면은 균일하지 않다. 대륙에서와 마찬가지로 바다에도 다양한 서식지가 존재한다. 사막도 있고 정글도 있다. 모자반 숲과 떠다니는 해조류가 있으며, 수많은 생명이 들끓고 있다. 대개는 햇빛이 무자비하게 내리쬐는 이 세계에서 무엇이건(떠다니는 물체라면 단순한 병이나 심지어 거북이나 고둥 같은 동물을 포함해 어떤 것이건) 약간의 그늘을 제공할 수 있는 것이라면 오아시스처럼 그 아래에 많은 생명을 부양한다.

해류가 합쳐지는 효과 때문에 해수면이 잔잔한 지역도 있다. 이곳은 비옥한 평원에 해당한다. 이 광대한 평원에서는 플랑크톤이 크게 번성하고 그에 따라 온갖 생물이 모여든다. 이곳에서는 많은 동물 중에서도 수많은 어류의 치어와 어린 물고기가 자란다. 바다 표면은 나머지 생애를 바닷속 깊은 곳에서 보내게 될 수많은 종이 어린 시절을 보내면서 성장하는 장소이다.

바다 표면의 중요한 역할은 단지 해양 생태계에만 국한되지 않는다. 지표면의 71%를 덮고 있는 지구의 피부는 바다와 대기를 연결하면서 두 세계 사이의 화학적, 생물학적 교환을 촉진한다. 이 피부를 통해 바다와 공기는 서로 호흡하며, 물질과 에너지를 함께 나눈다. 수많은 미생물이 끊임없이 이 과정에 관여한다. 이 미소한 존재들은 전체 바다 표면을 젤라틴 같은 유기 물질의 막으로 뒤덮는다. 특히 이들은 막대한 양의 대기 중 탄소를 흡수해 저장한다. 머리카락보다 가느다란 이 막에서 신비로운 반응들이 자주 일어난다. 말할 것도 없지만, 이것들은 지구 전체가 생명을 유지하는 데 꼭 필요한 반응들이다!

날치과에 속한 종들은 자신의 주요 포식자에 대응해 그에 적합한 날개를 발달시켰다. 주로 다랑어에게 쫓기는 종들은 공중으로 빨리 날아오르는 전략을 선호해 그에 적합한 2개의 날개를 갖고 있다. 한편, 민첩한 만새기에게 쫓기는 종들은 포식자를 따돌리기 위해 기동성이 더 좋고 더 멀리 활공할 수 있는 4개의 날개를 갖고 있다.

날치

표면을 뚫고 나가는 데 성공한 물고기

하늘을 날고, 벽을 통과하고, 거울의 반대쪽 세계를 방문할 수 있다면……. 이 마술 같은 능력은 어릴 때 누구나 꿈꿔봤을 것이다. 광대한 바다에 사는 많은 동물은 이런 능력을 일상적으로 사용하면서 바다 표면의 경계를 통과해 평행 세계에 잠깐 동안 머물 수 있다.

하늘로 피신하기

얼핏 보면, 날치는 아주 평범한 물고기이다. 푸르스름한 큰 청어처럼 생긴 날치는 따뜻한 바다에서 헤엄칠 때면 나머지 물고기들과 그다지 구별되지 않는다.

하지만 날치는 한 가지 단점이 있는데, 그 고기가 아주 맛있다는 점이다. 다랑어, 고래, 청새치, 만새기는 서로 날치를 먹으려고 달려든다. 이들은 지구에서 헤엄 속도가 가장 빠른 포식자들이다. 날치도 이 사실을 잘 알고 있다. 100m 자유형 수영에서 이들을 이기는 것은 불가능하다. 물속은 늘 완전한 평온 상태로 지내기가 어려운 세계이기 때문에, 조금이라도 불안을 느끼면 날치는 훨씬 안전한 세계로 피신을 한다. 그곳은 바로 하늘이다.

다른 동물이나 배가 날치가 헤엄치는 속도인 시속 약 15km보다 더 빠른 속도로 접근하면, 날치는 즉각 탈출한다! 날치는 공중으로 날아오르면서 물속 세계에서 사라진다. 날치는 공중에서 지느러미를 큰 날개처럼 펼치고 활공을 한다. 이렇게 날치는 하늘을 나는 물고기가 된다.

활공

날치가 뱃머리 앞으로 훌쩍 날아오르는 모습을 보면, 아무리 시큰둥한 뱃사람이라도 깜짝 놀랄 것이다. 눈 깜짝할 사이에 날치는 파도 높이로 날아올라 별로 힘들이지 않고 최대 시속 약 60km로 활공한다.

이 모든 것은 워낙 순식간에 일어나기 때문에, 날치가 정확하게 어떻게 하늘을 나는지 자세한 내막을 파악하기가 어렵다. 그래서 오랫동안 사람들은 날치가 새처럼 날개를 퍼덕이면서 하늘을 난다고 생각했다. 고속 카메라를 사용해 촬영한 뒤에야 날치가 실제로는 활공을 한다는 사실이 밝혀졌다.

물고기처럼 공기보다 무거운 동물이 하늘을 날려면, 위쪽으로 향하는 힘이 중력을 극복해야 한다. 이를 위해 날치는 비행기와 동일한 원리를 이용하는데, 그것은 바로 양력揚力을 만들어내는 것이다. 날치가 하늘을 날 때 날개 위쪽을 지나가는 공기는 아래쪽을 지나가는 공기보다 속도가 더 빠르다. 그러면 날개 윗면의 압력이 낮아져 날개를 위로 밀어올리는 힘, 즉 양력이 생기고, 그래서 날치가 공중으로 떠오르게 된다. 강한 바람이 우산 위로 지나갈 때 우산이 위쪽으로 '빨려 올라가는' 느낌이 드는 것도 바로 이 양력 때문이다.

이 힘을 높이려면 날치는 날개 위로 지나가는 공기의 흐름을 가속시킬 필요가 있다. 따라서 되도록 더 빨리 나아가야 한다. 날치는 꼬리를 세차게 흔듦으로써 이 목적을 달성하는데, 위쪽보다 훨씬 긴

날치의 꼬리지느러미는 아래쪽 엽이 위쪽 엽보다 훨씬 길어 '하형기'라고 부른다. 그래서 날아오르면서도 마지막까지 물속에서 꼬리를 퍼덕여 속도를 높일 수 있다.

아래쪽 엽이 노와 같은 역할을 하면서 몸을 앞으로 민다. 수면 위로 떠오른 뒤에는 비행기 파일럿처럼 날개 각도를 조절함으로써 날아가는 방향을 조종할 수 있다. 날치는 이 방법으로 약 45초 동안 500m 이상 활공할 수 있다.

저공비행의 달인

활공을 하는 날치는 수면에서 그다지 높이 떠오르지 않는다. 수면에서 불과 수 센티미터 높이로 날아간다. 고소 공포증이 있거나 야망이 부족해서 그런 것이 아니다. 이상하게 들릴지 모르겠지만, 날치는 더 멀리 날아가기 위해 저공비행을 한다.

사실, 날치는 수면에 가까운 높이로 활공하면서 파일럿 사이에서 지면 효과로 알려진 공기역학적 현상을 이용한다. 날아가는 동안 날개 위쪽으로 공기가 빨아들여지기 때문에 날개 끝부분에 소용돌이가 생기고, 그 결과로 각각의 날개 끝 주위에서 공기가 빙빙 돌게 된다. 만약 날치가 수면 가까이로 날면서 아래로 내려가면, 빙빙 도는 공기가 수면을 짓누르게 된다. 수면에 부딪힌 이 공기가 공기쿠션을 형성하는데, 날치는 이 공기쿠션의 도움을 받아 더 멀리 활공할 수 있다. 뛰어난 파일럿은 착륙을 부드럽게 하기 위해 이 현상을 이용한다. 자신도 모르게 날치의 기술을 모방하는 셈이다.

표면 장력의 장벽을 돌파해야 하는 이륙

비행기와 마찬가지로 날치에게도 이륙은 매우 위중한 순간이다. 공중으로 날아오를 만큼 충분한 속도를 내야 할 뿐만 아니라, 무엇보다도 수면을 뚫고 솟아올라야 한다. 사실, 날치가 극복해야 할 힘은 중력뿐만이 아니다. 액체의 표면 장력(96쪽 참고)도 극복해야 한다. 그렇다고 해서 포기할 순 없다. 날치는 몸을 크게 구부렸다가 꼬리를 힘차게 치면서 5g의 가속도로 튀어오른다! 날치를 프랑스어로 에그조세exocet라고 부르는 이유는 바로 이 놀라운 노력 때문인데, exocet는 '자신의 집을 떠나는 자'란 뜻의 그리스어에서 유래했다. 너무 어린 날치는 힘이 모자라 물 밖으로 날아오르지 못한다. 표면 장력으로 팽팽한 수면은 어린 날치에게는 마치 벽과도 같아서 달려와 부딪치는 날치를 튕겨낸다. 날치는 몸길이가 수 센티미터에 이르러야만 이 벽을 뚫고 나갈 수 있다. 이 단계의 작고 파란 날치를 별명으로 '스머프'라고 부른다.

스머프와 나무딸기

날치는 열대 바다 도처에 널리 존재하지만, 날치에 관한 사실은 제대로 알려지지 않았다. 날치과에 속하는 종은 약 60종이 존재하는 것으로 추정되지만, 각각의 종이 정확하게 기술된 것은 아니다. '공식적으로' 기술된 종들은 죽은 표본을 관찰한 것이어서 원래의 색을 잃은 상태로 판단한 것이었다. 또한 비늘이나 지느러미의 부챗살 수처럼 바다가 아닌 뭍에서 평가하기 편리한 기준을 바탕으로 기술했다. 그래서 미국 조류학자 스티브 하웰Steve Howell은 대양 항해에 나서 세계 각지에서 살아 있는 표본들을 직접 관찰한 결과를 바탕으로 날치들을 분류하고 기술했다. 그의 명명법은 크루즈선에 승선한 승객들의 아이디어를 빌린 것이어서 무척 다채롭다. 예컨대 '반점 무늬가 있는 스머프', '태평양 주술사', '큰 나무딸기', '표범 날개' 등의 이름도 있다. 남은 문제는 기존의 분류와 하웰의 분류를 통합하는 것인데, 그러려면 라틴어로 표기된 역사적인 분류명이 하웰이 기술한 각각의 물고기 중 어느 것과 일치하는지 알아내야 한다.

스머프나 폼알데히드란 이름을 좋아하건 않건, 모든 날치는 크게 두 범주로 분류할 수 있다. 날개가 2개인 종들과 4개인 종들이 있는데, 2개인 종들은 활공을 할 때 가슴지느러미만 좍 펼치는 반면, 4개인 종들은 바다의 쌍엽기처럼 배지느러미도 사용해 활공하면서 방향도 조종한다.

제트기처럼 하늘을 나는 오징어

넓은 바다에서 날치와 혼동할 수 있는 바다 동물이 있다. 날치와 마찬가지로 이카로스의 꿈을 이룬 이 동물의 이름은 빨강오징어이다.

멀리서 날치를 보았다고 말한 사람은 거의 다 빨강오징어를 본 것이다. 날치처럼 파르스름한 색을 띠고 있고, 날치처럼 바다 위를 활공한다. 하지만 추진 방법은 날치와 완전히 다르다. 날치는 꼬리를 흔들어 속도를 높이는 반면, 오징어는 제트기와 같은 원리로 추진한다. 오징어는 사이펀을 통해 물줄기를 분사하면서 작용과 반작용의 원리에 따라 반대 방향으로 나아간다. 물 밖으로 솟아오르면, 빨강오징어는 두 지느러미를 날개처럼 사용하면서 활공을 하며, 다리들 사이에 있는 막을 좍 펼쳐 수평 안전판처럼 사용한다. 빨강오징어는 추진력을 새로 얻기 위해 자주 바다로 돌아가 바닷물을 다시 공급받아야 한다. 하늘을 나는 오징어는 지금까지 최소한 8종이 확인되었는데, 활공 속도는 날치보다 약 두 배나 빠르다.

빨강오징어 *Ommastrephes bartramii*

오징어도 포식자를 피하기 위해 하늘로 날아오르는데, 특히 동족의 공격을 피하기 위해 물에서 탈출한다! 사실, 오징어는 서로를 잡아먹는 습성이 있다. 작은 오징어가 큰 오징어보다 더 빠르고 더 쉽게 날 수 있다.

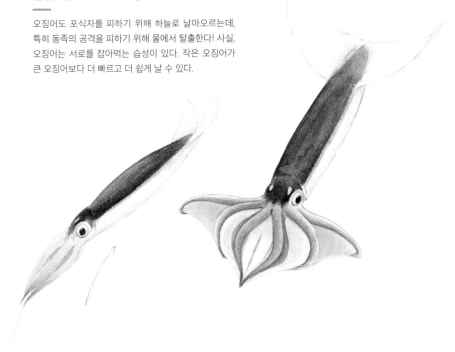

미치광이 새의 지혜

비록 그 여행은 어려운 도전처럼 보이지만, 수면을 가로질러 물속에서 공기 중으로 날아오르는 날치와 오징어는 사실 운이 아주 좋은 편이다. 밀도가 약 800배나 작은 환경으로 건너온 이들은 마찰력이 크게 줄어든 조건에서 아주 빠른 속도를 낼 수 있다. 반대 방향으로 수면을 건너가는 것은 이보다 훨씬 더 위험하다. 수영장에서 몸을 수평으로 한 자세로 물속으로 뛰어들어본 사람은 누구나 잘 알 것이다.

물속으로 다시 떨어지는 날치 역시 큰 충격을 받는다. 따라서 그에 대비해 턱이 부러지는 불상사를 막기 위해 뼈로 된 특별한 보호 장치를 발달시켜야 했다. 그렇다면 북방가넷 같은 일부 새들은 100m가 넘는 고도에서 낙하해 시속 약 100km로 머리부터 물에 충돌하는데 어떻게 살아남는지 의아하다.

수면에 충돌하는 순간, 북방가넷은 중력의 23배에 이르는 충격을 받는다. 머리가 물속에 들어가는 순간 물에서 받는 마찰력은 목을 부러뜨릴 정도로 크다. 이 무모한 새는 물속으로 다이빙을 할 때마다 낙하 동작을 완벽하게 해내야 한다. 조금이라도 각도가 빗나가면 치명적 결과를 맞이할 수 있다. 다행히도 북방가넷은 신체가 이에 적합하게 발달했다. 뾰족한 부리는 수면을 가르고 들어가기에 편리하고, 목 근육이 매우 튼튼해 격렬한 충돌의 충격에서 살아남을 수 있다. 그래서 북방가넷은 몇 시간에 수십 번이나 다이빙을 할 수 북방가넷 *Morus bassanus*은 약 15m 깊이까지 잠수를 해 물속에서 먹이를 붙잡아 꿀꺽 삼킨다. 그래서 수면 위로 올라올 때에는 항상 부리가 텅 비어 있다. 이를 보고 옛 뱃사람들은 이 새에게 미치광이라는 별명을 붙여주었다. 아무 이유도 없이 순전히 광기 때문에 물속으로 잠수한다고 여겼기 때문이다.

있다. 하기야 신선한 물고기를 먹을 수 있다면 뭔들 못 하겠는가!

각자의 평행 세계에서 이단자인 북방가넷과 날치가 서로 만나는 순간, 자연계에서 보기 힘든 공중전과 수전이 펼쳐진다. 각자는 물속과 공중을 오가는 능력을 최대한 활용하는데, 한쪽은 잡아먹기 위해, 다른 한쪽은 먹히지 않기 위해 사력을 다한다. 가넷은 미리 공격 계획을 세운다. 날치가 날아오르는 순간을 예상해 공중에서 낚아채거나 다시 물속으로 들어가는 순간을 노려 위에서 덮치려고 한다. 때로는 선박의 도움에 의지하기도 하는데, 선박이 지나가면 날치가 물 밖으로 뛰쳐나온다는 사실을 알고 있기 때문이다. 날치는 가넷이 공격해오는 장소에 따라 날아오르거나 잠수를 하거나 하면서 공격에서 벗어난다. 그러면서 급강하 다이빙 공격을 빗나가게 하려고 시도하는데, 빗나간 다이빙은 가넷에게 치명적인 결과를 초래할 수 있다. 첫 번째 공격에서 날치를 붙잡을 만큼 충분히 민첩하지 못한 일부 가넷 종은 수면 바로 아래에서 헤엄치는 날치를 추격하면서 물 밖으로 튀어나오게 만든다. 물 밖으로 막 나오는 결정적 순간을 노려 날치를 확 낚아채려는 것이다. 두 세계 사이에서 어느 쪽을 선택하느냐 하는 순간의 판단에 따라 생사가 갈린다.

지느러미발도요
Phalaropus lobatus
—
지느러미발도요가 그 자리에서 빙빙
도는 모습을 물 밑에서 보면 정말로
수면을 향해 솟아오르는 소용돌이가
생긴다.

지느러미발도요

물방울 길들이기의 달인

비 내리는 겨울날 오후, 차를 마시면서 창밖의 비 내리는 풍경을 바라보는 것은 인생의 작은 즐거움이다. 또한 기이한 지느러미발도요 이야기를 하기에도 이상적인 분위기이다. 그것은 소용돌이와 물방울과 하늘과 바다 사이의 거대한 여행에 관한 이야기이다.

현기증을 일으키는 새

우리가 북반구의 겨울 추위 속에서 차를 우려낼 때, 지느러미발도요는 오만이나 동아프리카 앞바다 어딘가에서 열대 지방의 따뜻한 햇살을 즐기고 있을 것이다. 이 새는 미치광이가 아니어서 겨울이 오면 멀리 따뜻한 바다를 찾아간다. 그러다가 여름이 되면 환경을 확 바꾸는데, 우리가 사는 곳을 지나 북극 지방의 툰드라에 둥지를 튼다. 지느러미발도요는 북극제비갈매기 무리가 머무는 곳 근처에 둥지를 틀길 좋아하는데, 북극제비갈매기 역시 사소한 위험에도 잔뜩 경계심을 품는 새이다.

수컷 지느러미발도요는 헌신적인 가장이다. 암컷이 먼저 적극적으로 수컷을 유혹하는데, 그리고 나서는 궂은일을 수컷에게 몽땅 떠맡긴다. 알을 품고, 새끼에게 먹이를 구해다 먹이고, 새끼를 교육시키는 일은 모두 수컷의 몫이다. 하지만 가장 눈길을 끄는 지느러미발도요의 특기는 사냥 기술이다. 지느러미발도요는 아주 특별한 낚시 기술을 갖고 있는데, 가장 창의적인 유체역학 공학자마저도 탄복을 금치 못할 정도의 재주를 보여준다.

그것은 직접 눈으로 보지 않으면 선뜻 믿기 어렵다. 사냥에 나선 지느러미발도요 무리는 놀라운 장관을 보여주는데, 빙글빙글 도는 데르비시dervish(신비주의적 경향을 띤 이슬람교의 한 종파인 수피즘의 수도사)의 춤을 연상시키는 동작을 펼친다. 이 새들은 파도 위에 앉아 광적인 리듬으로 팽이처럼 빙빙 돌기 시작한다. 그러면서 모든 새가 미친 듯이 물을 쪼아댄다. 이렇게 빙빙 도는 새들을 보면, 도대체 왜 저러고 있을까 하는 의구심이 든다.

소용돌이의 눈

또다시 차를 한 모금 홀짝일 시간이다. 개인적으로 나는 중국식으로 차를 우려내길 좋아해 찻잎이 찻잔 바닥에 가라앉도록 내버려둔다. 스푼으로 차를 저으면, 소용돌이가 일어나면서 찻잎이 위로 다시 올라온다. 지느러미발도요의 첫 번째 기술은 바로 이 현상을 바탕으로 한다.

지느러미발도요는 플랑크톤을 잡아먹는데, 그중에서도 특히 73쪽에 나왔던 플랑크톤성 갑각류인 요각류를 즐겨 먹는다. 지느러미발도요는 요각류를 찾아 물속으로 잠수하는 대신에 요각류를 자신에게 다가오게 만든다. 물 위에서 빙빙 도는 이유는 이 때문인데, 이를 통해 작은 소용돌이를 일으킨다. 소용돌이가 물을 바깥쪽으로 밀어내면서 수면에 흡인력이 생겨 깊은 층의 물이 빨려 올라오면서 그와 함께 귀중한 식량인 요각류도 함께 올라온다. 이제 물을 열심히 쪼아대면서 요각류를 삼키기만 하면 된다.

골치 아픈 문제가 생기는 것은 먹이를 삼키는 순간이다. 찻잔 표면으로 올라온 찻잎 하나를 젓가락으로 한 번에 집으려고 시도해본 사람은 길이가 1cm도 채 안 되는 요각류를 부리로 붙잡으려고 하는 지느러미발도요의 어려움을 충분히 이해할 것이다! 먹이는 미끄러지고, 부리에서 빠져나가 도망간다. 따라서 지느러미발도요는 매번 그 속에 요각류가 갇혀 있는 큰 물방울을 덥석 머금고 전체를 꿀꺽 삼키는 수밖에 달리 선택의 여지가 없다.

물방울 삼키기

우리 인간에게는 물 한 방울을 삼키는 것은 일도 아니다. 하지만 뾰족한 부리를 가진 지느러미발도요에게는 아주 어려운 도전 과제이다. 그것은 물리학의 한계를 뛰어넘어야만 풀 수 있는 난해한 퍼즐

과도 같다.

　지느러미발도요는 요각류가 들어 있는 물방울만 삼켜야 하며, 그 이상은 삼켜서는 안 된다. 만약 한 번에 물을 가득 삼키면(우리가 물과 함께 알약을 삼킬 때처럼), 요각류보다 물을 훨씬 많이 삼키게 되는데, 그것은 비효율적인 영양 섭취 방법이다. 요각류가 들어 있는 물방울만 삼키려고 할 때 빨아들이는 방법을 사용할 수는 없다. 부리는 관이 아니어서 빨대처럼 사용할 수 없기 때문이다. 고개를 치켜들어 물방울이 저절로 목구멍으로 내려가게 할 수도 없는데, 이번에는 물방울이 스스로 내려가려고 하지 않기 때문이다! 그 이유를 알고 싶다면 물방울이 묻어 있는 유리창을 떠올려보라. 물방울은 중력을 거스르며 유리창에 붙어 있는 것처럼 보인다. 일부 물방울이 너무 무거워지면 마침내 아래로 내려가지만, 그때에도 물방울은 기묘한 힘으로 최대한 유리창에 붙어 있으려고 하는 것처럼 보인다. 지느러미발도요의 부리 속에서도 물방울은 동일한 힘 때문에 똑같은 방식으로 저항한다. 지느러미발도요는 합기도 고수처럼 자신에게 들러붙는 물방울의 힘을 역이용해야만 한다.

불리한 조건을 역이용하다

물방울이 미끄러져 내려가지 못하도록 하는 이 신비한 힘은 도대체 무엇일까? 물체 위에 놓인 물방울을 움직이려고 할 때, 예컨대 받침대를 기울임으로써 물방울을 움직이려고 할 때, 우리는 짐을 진 당나귀를 앞으로 나아가게 하려고 애쓰는 농부와 같은 상황에 놓인다. 풀을 발견하면 당나귀는 그것을 먹으려고 앞으로 나아가려 하지 않고, 풀을 발견하지 못하면 배가 고파서 움직이려 하지 않는다! 물론 물은 풀을 먹지 않지만, 마찬가지로 바닥의 우툴두툴한 부분에 들러붙어 움직이려 하지 않는다. 물질은 완벽하게 깨끗하고 균일한 경우가 드물다. 항상 여기저기 결함과 불순물이 있게 마련이고, 그것은 그 속성에 따라 물과 잘 들러붙거나 반대로 물을 밀어낸다.

두 경우 모두 물방울은 짐을 진 당나귀처럼 저항하는데, 자신이 좋아하지 않는 결함을 덮기 위해서뿐만 아니라, 반대로 자신이 좋아하는 것을 놓지 않으려고 하기 때문이다. 유리창을 따라 흘러내려오는 물방울에서 이것을 볼 수 있다. 앞면은 돔처럼 볼록한 반면, 뒷면은 더 평평하다. 물방울은 앞으로 나아가거나 뒤로 물러나는 데 동일한 힘이 필요한 것은 아니지만, 양쪽 모두에서 표면에 들러붙으려고 한다.

당나귀 머릿속에서 일어나는 일을 농부가 알 수 없는 것과 마찬가지로, 물방울의 부착을 지배하는 현상의 비밀은 물리학자들에게 수수께끼로 남아 있다. 하지만 지느러미발도요는 그렇지 않은데, 이 상황을 역이용해 자신에게 유리하게 만들 줄 안다.

물방울을 껌처럼 씹기

물방울을 길들이기 위해 지느러미발도요가 사용하는 비법이 있다.

그것은 바로 물방울을 껌처럼 씹는 것이다. 물방울 하나를 붙든 지느러미발도요를 자세히 관찰해보면, 부리를 여러 번 열었다 닫았다 하는 걸 볼 수 있다. 물방울은 부리 꼭대기와 바닥을 잇는 다리가 된다. 부리를 닫을 때에는 물방울을 충분히 세게 눌러 바깥쪽으로 퍼져가게 만든다. 부리를 아주 많이 닫으면 물방울은 짜부라지면서 양쪽 옆 방향으로 퍼져나가지만, 적당히 닫으면 물방울은 움직이기에 가장 편리한 방향으로 짜부라진다. 그것은 가장 좁은 통로로, 새의 목구멍 쪽을 향하는 방향이다. 물방울의 반대쪽 끝은 여전히 부리에 들러붙어 있다.

반대로 지느러미발도요가 부리를 조금 열면, 물방울 가장자리가 솟아오르면서 물방울이 뒤로 물러난다. 하지만 이번에도 부리를 적

지느러미발도요 *Phalaropus lobatus*

물방울을 정교하게 씹음으로써 지느러미발도요는
물방울을 위로 올라가게 한다.

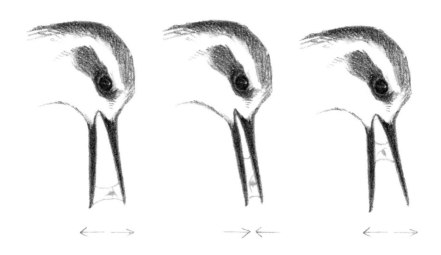

당히 열면, 목구멍 가까운 곳에 있는 물방울 끝부분을 그곳에 붙들어두면서 반대편 끝부분을 움직이게 할 수 있다. 부리를 열었다 닫았다 할 때마다 지느러미발도요는 물방울을 목구멍 쪽으로 나아가게 하다가 마침내 그것을 꿀꺽 삼킨다.

지느러미발도요는 이 기술을 사용해 부리를 아래로 향했을 때에도 이 신비한 응집력을 이용해 중력을 거스르며 물방울을 위로 올라가게 할 수 있다. 지느러미발도요는 엄청나게 빠른 속도로 물을 쪼아대면서 분당 100개가 넘는 물방울을 삼킨다!

떠돌아다니는 물보라

날씨가 좋지 않을 때에는 지느러미발도요가 먹이를 구하기 어렵다. 심한 파도 때문에 물 위에 내려앉을 수가 없고, 먹이를 잡는 데 필요한 소용돌이도 만들 수 없다. 하지만 바다는 마치 지느러미발도요를 흉내라도 내는 듯이 요각류를 물방울 속에 가둔다.

폭풍이 몰아칠 때면 부서지는 파도에 수많은 공기 방울(기포)이 물속에 갇히는데, 이 공기 방울들은 다시 수면 위로 떠오르면서 터진다. 이렇게 수면에 이는 거품은 샴페인에서 기포가 올라오는 것과 비슷한데, 터지면서 아주 작은 물방울들을 공기 중으로 내보낸다. 이렇게 바다에서 솟아오른 작은 물방울들이 사방으로 흩어지면서 구름 같은 물보라를 이룬다. 이 물방울들은 바람에 실려 멀리 그리고 높이 날아간다. 아주 가벼운 물방울은 비행기가 날아다니는 고도까지 올라가 며칠 만에 수만 킬로미터를 이동하기도 한다. 그런데 물방울 혼자만 이 여행에 나서는 게 아니다. 물방울 속에는 거품이 터지는 순간에 때마침 수면에 있던 온갖 종류의 작은 플랑크톤이 갇혀 있다. 세균과 바이러스, 미소 조류를 비롯해 온갖 바다 동물과 식물이 작은 물방울에 실려 하늘을 가로지르며 이동한다.

바다의 재채기를 통해 공기 중으로 튀어나온 이 작은 생물들은 이렇게 해서 운명의 변화를 겪게 된다. 이들은 이제 해양 플랑크톤에서 공중 플랑크톤이 되었다. 우리 머리 위에는 푸른 바다에서 파란 대기로 날아오른 해양 생물들이 끝없이 떠다니고 있다. 그중 일부는 바다로 도로 떨어지는데, 한 바다에서 날아올라 멀리 떨어진 다른 바다로 떨어진다. 어떤 해양 생물은 아주 높이 날아오르다가 결국 물방울이 증발해버리고 만다. 하늘 높은 곳에 홀로 남게 된 이들은 전혀 예상치 못한 역할을 맡게 되는데, 바로 구름을 만드는 씨가 된다.

놀랍게 들릴지 모르지만, 조류와 세균을 포함한 해양 플랑크톤은 구름의 생성에 직접적으로 관여한다. 이 작은 생물들은 주변의 수증기 응결을 촉발하는 기폭제 역할을 하여 수증기를 얼음 결정이나 물방울로 변하게 한다. 얼마 후 물방울들이 모여서 거대한 구름을 만들고, 그러다가 어느 겨울날에 비가 되어 유리창 위로 떨어진다. 이렇게 해서 이야기는 우리가 차를 마시면서 지느러미발도요의 놀라운 사냥 솜씨에 대해 곰곰이 생각하는 순간으로 다시 돌아왔다.

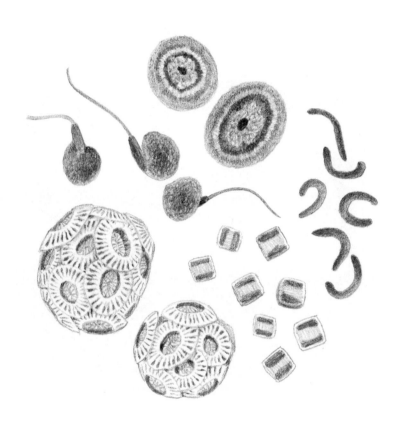

SAR11, 프로클로로코쿠스 *Prochlorococcus*,
미크로모나스 푸실라 *Micromonas pusilla*,
에밀리아니아 훅슬레이이 *Emiliania huxleyi*

검은머리앨버트로스
Phoebetria palpebrata

검은눈썹앨버트로스
Thalassarche melanophris

나그네앨버트로스
Diomedea exulans

대서양노랑코앨버트로스
Thalassarche chlororhynchos

앨버트로스

한 번도 땅을 딛지 않고 세계를 일주하는 새

일 년 내내 홀로 전 세계의 바다를 가로지르며 날아다니지
만…… 자신의 사랑을 결코 잊지 않는 여행자.

변함없는 사랑

70년 동안 위즈덤Wisdom은 늘 그곳으로 왔다. 11월이 되면 항상 북
태평양 중심에 위치한 미드웨이섬의 작은 목장으로 돌아온다. 이곳
에서 자신의 짝을 기다리는데, 그 짝 역시 수십 년 동안 매년 같은
시간에 충실하게 위즈덤을 만나러 온다. 마침내 재회의 순간이 다가
오고, 두 레이산앨버트로스는 함께 춤을 추고 발을 구르고 부리를
부딪치며 딱딱거리는 소리를 낸다. 꿈에 그리던 사랑을 다시 만난
기쁨은 이루 말할 수가 없어 보인다.

두 연인은 각자 일 년 내내 전 세계의 바다를 가로지르며 돌아
다니다가 이제야 다시 만난 것이다. 거친 파도와 바람 속에서 홀
로 20만 km 이상의 거리를 여행하는데, 그것은 방데 글로브Vendée

Globe(1인승 요트 세계 일주 경기)를 다섯 번이나 하는 것에 해당한다! 이 오랜 여행의 목적은 가을의 만남을 위해 체중을 불리고 힘을 키우기 위한 것으로, 그때가 오면 미드웨이섬에서 마침내 영혼의 단짝을 만나 함께 새끼를 키운다.

1956년 어느 날, 한 조류학자가 위즈덤의 다리에 Z333이 새겨진 고리를 채웠다. 그 순간에는 50년 이상이 지날 때까지 같은 장소에서 위즈덤이 계속 발견되리라고는 꿈에도 생각지 못했을 것이다! 위즈덤은 이제 70세가 넘었는데, 알려진 야생 조류 중에서는 나이가 가장 많다. 위즈덤은 지금까지 지구를 120바퀴 도는 것에 해당하는 거리를 여행했고, 새끼도 약 30마리 키우는 데 성공했다. 아주 낭만적인 일생을 보낸 셈인데, 사실은 모든 앨버트로스가 그런 일생을 살아간다.

걷는 것을 방해하는 큰 날개

앨버트로스는 평평한 땅을 두려워하며, 땅에 멀미를 느낀다. 앨버트로스에게 평지는 적대적인 환경이다. 땅 위에서는 긴 날개 때문에 균형을 제대로 잡지 못하며, 다리가 너무 짧아 걷기도 힘들어 계속 비틀거린다. 땅 위에서 머무는 동안 앨버트로스는 금방 기운이 다 빠지는데, 하나뿐인 알을 보호하기 위해 최선을 다해야 하기 때문이다. 부모는 서로 역할을 번갈아가며 알을 품고 먹이를 구한다. 알을 품을 때에는 열흘 동안 체중이 약 20%나 빠진다. 부모는 새끼가 알에서 나와 하늘을 날 때까지 이 피곤한 일을 80일 동안이나 해야 한다.

이 모든 노력이 끝나면, 부모는 그동안 제대로 먹지도 못하고 쌓인 피로에서 회복하기 위해 파도와 폭풍의 치료가 필요하다. 해안이 없는 곳에서, 그리고 무엇보다도 마른 땅에 발을 디디지 않은 채 최소한 1년을 보낼 필요가 있다. 앨버트로스는 광활한 바다의 거친 파도와 돌풍과 놀에서 에너지를 충전하는데, 움직이는 데 필요한 에너지를 바다에서 얻기 때문이다. 바람이 강할수록 더 잘 날 수 있다.

폭풍을 이동 수단으로 이용하고 태풍을 안락한 바캉스처럼 여기려면, 바다의 변덕에 잘 적응해야 한다. 앨버트로스는 아주 큰 날개를 갖고 있는데, 가장 큰 종인 나그네앨버트로스는 날개폭이 3.7m를 넘는다. 그리고 600만 년 전에 살았던 조상인 펠라고르니스 산데르시_Pelagornis sandersi_는 날개폭이 무려 6m에 이르렀다. 이렇게 거대한 날개는 퍼덕이는 용도로 설계된 것이 아니다. 그것은 새의 날개보다는 비행기 날개에 가깝다. 따라서 날갯짓을 하는 비행은 금지된다. 앨버트로스는 늘 특별한 힘줄로 날개를 좍 펼친 채 활공을 한다. 이런 식으로 진화한 앨버트로스는 여행에 필요한 연료를 어딘가에 숨어 있는 에너지에서 얻는데, 그곳은 바로 파도의 골이다.

파도의 골에서 솟아오르다

하늘을 나는 앨버트로스는 기이한 움직임을 보인다. 마치 액체 능선 사이에서 회전 활강을 하는 미치광이 스키어처럼 보인다. 앨버트로스는 크게 S자 모양의 고리를 그리며 난다. 먼저 위로 솟구치다가 방향을 바꾸어 다시 아래로 내려가다가 또다시 방향을 바꾸어 위로 올라간다. 이렇게 반복되는 사이클은 앨버트로스가 힘들이지 않고 날아가기 위해 바람을 이용하는 방법이다.

바다에서는 바람의 속도가 일정하지 않다는 사실을 알아둘 필요가 있다. 수면 높이에서는 수면과의 마찰 때문에 공기의 속도가 느려진다. 그래서 파도의 골에서는 바람이 아주 약하다. 하지만 거기서 위로 더 높이 올라갈수록 바람이 더 강해진다. 앨버트로스의 비행은 바로 이 차이를 활용한다.

하늘의 이 거인은 바람을 향해 정면으로 활공을 하면서 비행을 시작한다. 그러면 속도는 느려지지만, 날개 위로 빠르게 지나가는 바람 때문에 양력을 얻어 위로 높이 올라갈 수 있다. 그러다가 바람이 아주 강하게 부는 구역인 10~15m 높이에 이르면 방향을 확 바꾼다. 바람이 부는 쪽을 향해 등을 돌린 채 수면을 향해 내려간다.

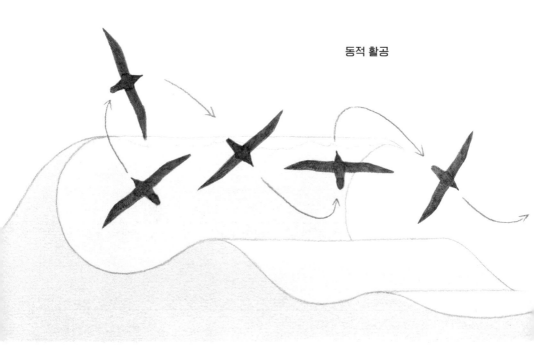

동적 활공

바람이 몸을 밀면서 하강 속도가 빨라진다. 파도의 골로 내려간 앨버트로스는 충분한 속도를 얻은 뒤에 또다시 몸을 돌려 바람을 향한 채 양력을 얻어 높이 올라간다.

이렇게 파도의 골과 마루 사이에서 바람이 강한 구역과 약한 구역 사이를 끊임없이 오가며 지그재그로 비행함으로써 요요와 같은 방식으로 반 바퀴를 돌 때마다 추진력을 얻는다. 앨버트로스는 이 사이클을 계속 유지하면서 한쪽에서는 바람의 에너지를 상승하는 데 이용하고, 다른 쪽에서는 속도를 얻는 데 이용한다. 이렇게 수천 km를 단 한 번의 날갯짓도 없이 날아가면서 불과 45일 만에 지구를 한 바퀴 돈다! 심지어 앨버트로스는 잠도 이렇게 날아가면서 자는 것처럼 보인다. 그렇다면 이 비행에서 앨버트로스가 부담하는 노동은 어떤 것일까? 그저 방향을 바꾸기 위해 한 번씩 꼬리를 살짝 틀기만 하면 된다.

콧구멍의 놀라운 능력

앨버트로스의 비행에 필수적인 단 하나의 동력은 바람이다. 바람이 잠시라도 멈춘다면, 앨버트로스는 멍청한 모스크바오리처럼 땅에 내려앉아 다음번의 강한 바람이 불어올 때까지 기다려야 한다. 먼바다에서도 앨버트로스는 고요한 날씨를 싫어한다. 바람이 잔잔할 때에는 날개를 퍼덕이고 발로 땅을 차며 수 킬로미터를 달리지 않는 한 날아오를 수 없다.

22종의 앨버트로스 중 적도를 건너가는 종이 하나도 없는 것도 이 때문이다. 이곳에는 선원들이 바람이 한 점도 불지 않는 지대라고 부르는 '적도 무풍대'(적도 수렴대라고도 함)가 넓게 펼쳐져 있다. 이 유명한 무풍지대는 먼바다에서 요트 경주를 즐기는 사람들이 매우 두려워하는 장소이다. 바람 지도 위에 나타낸 앨버트로스의 이동 경로는 이 지역을 피해 가는데, 그 결과로 종에 따라 이동 경로와 서식지가 남반구나 북태평양 지역에 국한된다.

물 위에서 쉬고 있는 앨버트로스에게는 쉽게 다가갈 수 있다. 이런 상황은 관 모양으로 생긴 두 콧구멍과 함께 기묘하게 생긴 부리를 가까이에서 자세히 관찰할 수 있는 기회를 제공한다.

앨버트로스가 장거리 여행을 할 수 있는 비밀 중 하나가 바로 콧구멍에 있다. 콧구멍은 비행 컴퓨터이자 먼바다에서 생존 장비 역

레이산앨버트로스
Phoebastria immutabilis
———
부리를 따라 뻗어 있는 골은 바닷물 탈염 과정에서
생긴 짠물을 배출하는 통로 역할을 한다.

할을 한다. 양옆에 있는 관들은 비행기의 피토관pitot tube(유체의 압력을 이용해 속도를 측정하는 장비)이나 물고기의 옆줄(나중에 자세한 설명이 나올 것이다)과 같은 원리로 공기의 속도를 감지한다. 그 덕분에 앨버트로스는 공기에 대한 자신의 속도를 측정할 수 있는데, 이것은 활공 비행을 최적화하는 데 꼭 필요한 정보이다. 시라노Cyrano의 코에 비견할 만한 이 긴 코 속에는 바닷물에서 소금을 제거하는 샘도 있다. 앨버트로스는 이 방법으로 스스로 민물을 만듦으로써 수분을 공급한다. 이 놀라운 콧구멍은 냄새를 맡는 원래의 코 기능도 당연히 수행하는데, 후각도 아주 뛰어나다. 앨버트로스는 20km 밖의 수평선 뒤에 숨어 있는 먹잇감도 감지할 수 있다!

위 속의 석유통

날개를 퍼덕여 하늘을 나는 작은 새들은 근육 에너지를 많이 소모하기 때문에 먹이를 섭취하는 데 많은 시간을 보낸다. 예를 들어 벌새는 비행에 필요한 칼로리를 확보하기 위해 매일 자기 몸무게의 세 배에 이르는 먹이를 섭취해야 한다. 하지만 앨버트로스는 그다지 힘들이지 않고 비행을 하기 때문에, 먹이를 많이 먹을 필요가 없다.

여기저기서 이따금씩 물고기나 오징어 한 마리를 섭취하는 것만으로 충분하다. 간혹 고래 시체를 뜯어먹기도 한다. 하지만 모든 것을 다 소화해 한 번에 모든 칼로리를 태울 필요는 없다. 앨버트로스는 연료를 가득 채운 후, 비축한 연료를 아껴 쓰는 쪽을 선호한다.

이를 위해 앨버트로스는 섭취한 먹이를 연료로 바꾼다!

위의 일부는 먹이를 소화해 고농축 영양분을 추출하는데, 그것은 가솔린과 비슷한 지방산 기름이다. 앨버트로스는 지방산의 형태로 휴대용 에너지를 비축했다가 나중에 필요할 때 꺼내 연료로 사용한다. 이 지방산 기름 1g에서는 디젤유 1g을 태울 때 나오는 것과 비슷한 양의 에너지가 나온다. 게다가 앨버트로스의 신체 기관은 최고급 엔진보다 효율이 더 높다.

이 연료는 영양분을 저장하는 용도로도 쓰이지만, 또 다른 이점이 있다. 이 물질은 아주 끔찍한 냄새가 나 적을 만났을 때 효과적인 방어 무기로 쓸 수 있다!

앨버트로스의 춤

위즈덤은 매년 새끼를 키울 때마다 자신의 지방산 기름을 새끼에게 먹인다. 그리고 짝과 번갈아가며 새끼를 돌보는 일과 영양분을 보충하러 며칠 동안 둥지를 떠나는 일을 반복한다. 몇 주일 동안 부모의 극진한 보살핌을 받으며 자란 새끼는 마침내 비행에 나선다. 바다 위에서 몇 년 동안 배회하다가 11월이 되면 자신이 태어난 섬으로 돌아오는데, 이제부터 매년 같은 시기에 그곳으로 돌아온다. 처음 몇 번은 미드웨이섬에서 머무는 동안 어른들이 추는 춤을 조용히 지켜보기만 한다. 그렇게 앨버트로스끼리 유대를 형성하고 감정을 주고받는 이 복잡한 안무의 비밀을 끈기 있게 배운다. 이렇게 관찰하고 배우면서 약 10년이 지난 어느 날, 이제 새끼는 충분히 훌륭한 춤 실력을 익혀 당당히 댄스 플로어에 나가 파트너를 찾는다. 이것은 아주 중요한 순간인데, 완벽한 조화를 이루면서 함께 춤추는 두 앨버트로스는 평생 동안 함께할 짝이 되기 때문이다. 그러고 나서 둘은 헤어져 각자 다시 광활한 바다로 여행을 떠나고, 일 년에 한 번씩 같은 장소로 돌아와 수십 년 동안 충실한 관계를 이어간다.

코뿔바다오리부터 바다제비까지

앨버트로스의 비행은 남반구 바다와 세상 끝에 있는 바다의 이미지를 연상시키는 꿈속 이야기처럼 들린다. 앨버트로스는 바람이 세게 부는 지역에서만 살아가기 때문에, 우리가 사는 곳에서는 가끔 길을 잃고 배회하는 개체를 제외하고는 이 새들을 보기가 어렵다. 하지만 안타까워하지 않아도 된다. 유럽 해안에서 아주 가까운 곳에 같은 슴새과에 속한 앨버트로스의 가까운 친척들이 앨버트로스처럼 낭만적인 삶을 살아가고 있으니까. 우리는 이 새들을 쉽게 볼 수 있는데, 코뿔바다오리(일명 퍼핀)와 바다제비는 지중해와 대서양에서도 볼수 있다. 이들은 사촌인 앨버트로스보다 훨씬 작지만, 기묘한 삶을 살아가는 앨버트로스의 특징을 많이 공유하고 있다. 이들 역시 앨버트로스처럼 먼 거리를 여행하고, 짝에게 매우 충실하고 낭만적이다. 그리고 이들이 내는 특유의 울음소리는 봄날 밤에 지중해 해안 지역에 신비한 분위기를 자아낸다.

4부

에너지

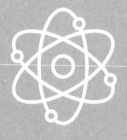

모든 것은 변한다!

우리 시대만큼 에너지에 관한 이야기를 많이 한 적은 일찍이 없었다. 하지만 에너지 개념은 여전히 제대로 이해하기가 어렵다. 사전의 정의에 따르면, 에너지는 "일을 할 수 있는 능력"을 말한다. 이 말을 들어도 정확하게 에너지가 무엇인지 감이 잘 오지 않는다. 게다가 에너지는 서로 아주 다른 형태를 띨 수 있다. 유일한 공통의 척도는 에너지가 상태와 운동의 변화를 초래할 잠재력을 지니고 있다는 것이다.

역학적 에너지는 물체의 운동을 변화시키고, 전기 에너지는 전하를 변화시키고, 화학 에너지는 원자들 사이의 결합을 변화시키고, 열에너지는 원자의 진동을 변화시킨다.

에너지는 물체의 영혼과 비슷하다. 우리는 에너지가 정확하게 무엇인지 알지 못하지만, 에너지가 없으면 모든 것은 생명이 없이 얼어붙은 상태가 되고 만다.

에너지는 물리적 요소들 사이에서 교환 수단으로 쓰이는 통화와 같다. 에너지는 창조되지도 않고 파괴되지도 않는다. 오로지 한 형태에서 다른 형태로 변하기만 할 뿐이다. 해양 생물들은 온갖 형태의 에너지를 이용한다. 우리가 전지를 발명 혹은 발견할 수 있었던 것도 전기가오리라는 어류 덕분이다!

북극고래
Balaena mysticetus

고래

극지방의 열역학

타임머신을 타고 가장 먼 지역과 가장 먼 과거로 간다 하더라도, 대왕고래만큼 인상적인 동물은 만나지 못할 것이다. 그도 그럴 것이 대왕고래는 모든 시대를 통틀어 가장 거대한 동물이기 때문이다.

거대한 몸집을 지탱하려면 물속이 정답

고래가 가장 거대한 공룡보다 그리고 가장 거대한 코끼리보다 훨씬 크다면, 그 이유는 물리학 법칙에서 찾을 수 있다. 그토록 거대한 동물을 설계하려면…… 바로 고래가 유일한 해결책이다!

우리가 태초의 신이라고(혹은 공작용 점토를 엄청나게 많이 가진 아이라고) 상상해보자. 자, 이제 세상에서 가장 큰 동물을 만들려고 한다. 처음부터 반드시 고래를 만들어야 할 이유는 전혀 없다. 하지만 얼마 지나지 않아 그런 동물을 만들려면 고래 외에는 방법이 없다는 사실을 깨닫게 된다.

첫 번째 제약은 동물을 움직이게 하려고 할 때 맞닥뜨린다. 앞으로 나아가려면 근육이 필요한데, 그러면 또 근육을 지탱할 골격이 필요하다. 즉, 엔진과 차체에 해당하는 것이 모두 필요하다. 움직이려면 아주 많은 근육이 필요하지만, 그것을 지탱할 뼈도 엄청나게 많이 필요하다. 만약 우리의 동물이 너무 거대하다면, 근육 무게가 너무 많이 나가 뼈가 지탱할 수 없는 지경에 이를 것이다. 정상적인 비율에 맞춰 동물을 크게 만든다면, 뼈는 중력을 견디지 못해 부러지고 말 것이다. 또 근육량을 지탱하기 위해 몸집을 과도하게 크게 만든다면, 골격이 지나치게 무거워져 움직이기가 불가능할 것이다.

결국 땅 위에서는 거대한 동물의 골격은 산산조각나고 말 것이다. 아마 어린 시절에 이것을 직접 경험해본 사람이 많을 것이다. 레고 블록으로 만든 거대한 탑은 작은 탑보다 훨씬 취약해, 약간의 충격에도 와르르 무너지고 만다. 만약 고양이나 생쥐를 몇 미터 높이에서 떨어뜨리면(하지만 실제로 하진 말길!), 무사히(보통은) 땅 위에 떨어질 것이다. 하지만 사람이 같은 높이에서 떨어지면, 필시 다발성 골절이 일어날 것이다. 만약 코끼리가 같은 높이에서 떨어지면, 치명적인 결과를 맞이할 것이다. 몸 크기와 비교한 상대적 높이로 따지면, 코끼리에게는 이 높이가 생쥐에 비해 훨씬 낮은 것인데도 불구하고 이런 결과를 맞이하게 된다. 거대한 동물은 뼈의 강도에 비해 몸무게가 너무 무거워 몸집이 커질수록 추락에 더 취약하다. 킹콩과 고질라는 현실 세계에서는 살짝 뛰기만 해도 뼈가 와지끈 부러지고 말 것이다! 이러한 제약 때문에 육상 동물이 가질 수 있는 몸무게는 약 100톤이 한계이다. 가장 거대한 공룡으로 알려진 아르헨티노사우루스는 몸무게가 약 80톤이나 나가 이 상한선에 바짝 다가섰다. 그런데 대왕고래의 몸무게는 이것의 2배에 이른다.

결론: 우리의 초거대 동물은 충격이 없는 세계에서 살아야 한다.

그곳은 위로 향해 작용하는 또 다른 힘이 중력을 상쇄하는 세계이다. 요컨대, 초거대 동물은 물속에서 사는 수밖에 달리 방법이 없다!

극지방의 풍부한 에너지원

그런데 물속이라고 해서 아무 물속에서나 살 수 있는 게 아니다. 고래가 남극과 북극 부근의 바다에서 살아가는 것은 결코 우연이 아니다. 고래처럼 큰 동물을 먹여 살리려면, 칼로리가 매우 풍부한 먹이가 아주 많이 모여 있는 장소가 필요하다. 다시 말해서, 고래는 많은 에너지가 필요하고, 따라서 엄청나게 많은 먹이가 필요하다. 그렇게 풍부한 먹이는 남극해와 북극해에만 존재한다.

극지방의 바다에 생물이 그토록 풍부한 이유는 무엇보다도 생물의 주요 에너지원인 산소가 풍부하기 때문이다. 물은 차가울수록 산소가 더 많이 녹기 때문에, 수생 생물이 호흡을 하기가 더 편하고 그 덕분에 잘 발달하고 번성할 수 있다. 어는점보다 불과 몇 도 높은 물은 25°C의 물에 비해 산소가 1.5배 더 많이 녹아 있어 수생 생물에게 더 많은 에너지를 공급할 수 있다. 단각빙어*Chionodraco hamatus*처럼 극지방에 사는 일부 물고기는 산소를 운반하는 적혈구도 필요가 없는데, 몸속으로 들어온 산소가 직접 혈액 속으로 확산하기 때문이다!

이게 다가 아니다. 차가운 물은 산소가 많을 뿐만 아니라 밀도도 높다. 극지방은 겨울이 오면 수면이 얼음으로 뒤덮이면서 수면 가까이에 있던 차가운 물은 밀도가 높아 깊이 가라앉고, 대신에 깊은 곳에 있던 더 따뜻한 물이 수면으로 올라오는데, 그러면서 많은 영양분도 함께 올라온다. 이러한 용승湧昇(심해에서 영양분이 풍부한 물이 상승하는 현상)은 바닷물을 뒤섞으면서 극지방의 바다에 유기 물질(바다를 비옥하게 만드는 비료에 해당하는)을 풍부하게 공급한다.

산소와 영양분은 극지방의 바다에 화학 에너지를 공급하는 반면, 태양은 빛 에너지를 공급한다. 극지방은 여름이 되면 6개월 동안 낮이 계속된다. 식물 플랑크톤인 조류藻類는 이 빛을 이용해 광합성 과정을 통해 유기 물질을 만든다. 아주 빨리 성장하면서 번식하는 조류는 동물 플랑크톤인 요각류에서부터 청어와 고등어(이들은 또한 고래의 먹이가 된다) 같은 포식 동물에 이르기까지 모든 먹이 사슬의 기반을 이룬다.

요컨대, 극지방의 극한 기후 조건은 높은 산소 농도와 빛과 영양분을 통해 생태계에 많은 에너지를 공급한다. 그 결과로 막대한 생물량과 어마어마한 양의 먹이가 생겨나고, 따라서 고래가 살아갈 만큼 충분히 많은 먹이가 존재한다. 이렇게 몇 주일 동안 먹이를 실컷 섭취한 고래는 몇 달 동안 아무것도 섭취하지 않고도 살아갈 수 있는데, 그동안에 더 따뜻한 위도 지역으로 가 새끼를 낳고 키운다.

온혈 동물

극지방의 바다에서 유일하게 불편한 점이 있다면, 헤엄을 치기에 다소 쌀쌀하다는 것이다. 게다가 차가운 물은 생물이 이용할 수 있는 열에너지가 적다. 낮은 온도에서는 분자들의 움직임이 느려지고 반응도 활발하게 일어나지 않는다. 생물의 몸속에서 일어나는 화학 반응도 활발하지 않고 대사도 느려진다.

이런 환경에서 이곳 동물들은 온도 변화에 대처하기 위해 두 가지 전략을 사용한다. 둘 중 더 단순한 전략은 아무것도 하지 않고 체온을 외부 온도와 같이 유지하며 살아가는 것이다. 이런 동물을 냉혈 동물(변온 동물)이라 부르는데, 무척추동물과 파충류, 대다수 어류가 이에 속한다. 유일한 문제점은 온도가 너무 낮으면, 대사가 매우 느려진다는 것이다. 그래서 극지방의 냉혈 동물은 아주 느릿느릿 헤엄을 치고, 몸도 크게 자라지 않는다. 그래도 상당한 크기에 이르는 동물은 동작이 매우 느린데, 예컨대 그린란드상어는 1년에 약 1cm씩 성장해 어른 크기로 자라는 데 수백 년이 걸린다.

두 번째 전략은 온혈 동물(항온 동물)로 살아가는 것이다. 따뜻한 피를 가진 온혈 동물은 외부보다 더 높은 온도를 항상 유지할 수 있다. 그러려면 냉혈 동물에 비해 신체에 10배나 더 많은 에너지를 공급해야 하는데, 먹이가 풍부하게 널려 있는 차가운 지역에서 활발하게 활동하면 잘 살아갈 수 있다. 체온을 늘 $37°C$로 유지하는 우리 같은 포유류와 조류가 온혈 동물에 속하며, 대형 어류 중에서는 극지방의 차가운 물에서도 유일하게 헤엄칠 수 있는 대서양참다랑어가 온혈 동물이다. 펭귄, 물범, 바다코끼리, 고래를 비롯해 극지방에서 민첩하게 활동하는 포식 동물은 모두 온혈 동물이다. 이 동물들은 차가운 바다의 풍부한 영양분을 섭취하기 위해 그에 상응하는 대가를 치러야 한다.

요컨대, 고래가 존재하려면, 유일하게 충분한 먹이를 공급할 수 있는 장소인 극지방의 차가운 바다에 살아야 할 뿐만 아니라, 따뜻한 체열을 가지고 그곳으로 가야 한다. 고래를 만들려고 한다면, 따뜻한 피를 가진 온혈 동물로 만들어야 한다. 그렇지만 이것은 고래가 몸 크기 기록을 방해하는 요소이기도 하다.

압력솥을 조심하라!

고래에게 진짜 한계는 추위가 아니라 열이다. 난방 기구의 문제점은 너무 뜨거워지면 탄다는 데 있다. 순전히 기하학적 이유 때문에 고래는 늘 과열 상태에 있다. 사실, 비율을 그대로 유지하면서 동물의 몸 크기를 증가시키면, 몸무게(질량)와 표면적이 동일한 비율로 증가하지 않는다. 몸무게는 부피처럼 길이의 세제곱에 비례해 증가하는 반면, 표면적은 길이의 제곱에 비례해 증가한다. 다시 말해서, 고래의 몸길이가 2배로 늘어나면, 몸무게는 2배가 아니라 8배로 늘어난다. 반면에 표면적은 4배만 늘어나는 데 그친다.

그런데 열을 만들어내는 것은 고래의 몸무게이다. 몸무게가 무거울수록 연소시켜 체열을 만들어내는 갈색 지방이 더 많다. 반대로 피부는 바닷물과 접촉해 체열을 잃기 때문에, 피부 표면적이 클수록 체열을 더 잘 잃는다. 따라서 고래는 몸집이 커질수록 몸무게(즉, 체열을 만들어내는 능력)가 표면적(체열을 잃는 능력)에 비해 훨씬 빨리 증가한다. 그래서 몸집이 지나치게 커지면, 고래는 열 때문에 문자

사비왜소땃쥐 *Suncus etruscus*

물속에서 살아가는 온혈 동물 중 가장 작은 것은 새끼 물범이고, 뭍에서 가장 작은 온혈 동물은 사비왜소땃쥐(에트루리아땃쥐)이다.

그대로 익어버리고 말 것이다.

반대로 크기가 너무 작은 온혈 동물은 몸이 너무 빨리 냉각되기 때문에 제대로 '기능을' 할 수 없다. 이번에는 몸무게에 비해 표면적이 너무 커서 피부를 통한 열 손실을 보충할 만큼 체열을 충분히 만들어낼 수 없기 때문이다. 극지방 바다에 펭귄이나 새끼 물범보다 작은 온혈 동물이 없는 이유는 이 때문이다. 새끼 물범보다 작은 온혈 동물은 얼어 죽고, 고래보다 큰 동물은 쪄 죽고 말 것이다.

공기가 물보다 단열 효과가 더 뛰어나므로 땅 위 세계에서는 더 작은 온혈 동물이 존재할 수 있다. 크기의 하한선은 내려가긴 하지만 여전히 존재한다. 땅 위에서 그러한 한계에 가까이 다가간 동물은 사비왜소땃쥐(에트루리아땃쥐)인데, 아주 작은 생쥐처럼 생긴 이 땃쥐는 프랑스 남부의 산울타리 지역에서 살아간다. 그 몸무게는 1센트짜리 동전보다 가볍다. 사비왜소땃쥐는 아주 작은 몸 크기 때문에 몸무게에 비해 표면적이 아주 커서 열을 아주 빨리 잃는다. 손실되는 열을 보충할 에너지를 얻기 위해 끊임없이 먹어야 하는데, 하루에 자기 몸무게의 2배에 이르는 먹이를 먹는다. 사비왜소땃쥐는 가장 작은 포유류이자 가장 게걸스러운 포유류이기도 하다!

사비왜소땃쥐와 고래는 각자 나름의 영역에서 물리학의 한계에 도전한다. 스웨덴의 유명한 박물학자 칼 폰 린네Carl von Linné는 1758년에 대왕고래의 학명을 농담처럼 발라이놉테라 무스쿨루스 *Balaenoptera musculus*(문자 그대로 번역하면 '생쥐고래'란 뜻)라고 지을 때 이 사실을 예견했던 것일까?

스스로 익는 살

사실, 고래의 몸 크기는 온혈 동물의 물리적 한계를 살짝 웃돈다. 그래서 고래는 과열을 피하기 위해 교묘한 방법을 사용하지 않으면 안 된다. 체온이 상승하면, 고래는 일종의 혈관 선로 변경 장치를 사용해 혈액을 피부에 더 가까운 곳으로 순환시켜 물과 접촉시키는 방법으로 냉각시킨다. 그러면 배가 분홍색으로 변한다. 게다가 이누이트는 고래를 죽이면(여러분은 절대로 그러지 말도록!), 고래가 저절로 익는다고 말한다. 혈액을 피부 가까이로 보내 냉각시킬 수가 없기 때문에, 죽은 고래는 과열 상태가 되면서 스스로 익고 마는 것이다.

기후 냉각에 기여하는 고래

고래는 엄청나게 큰 열기관으로, 지구의 많은 에너지를 자신의 큰 몸을 위해 사용한다. 하지만 오해해서는 안 된다. 고래는 지구 환경

차원에서 생태학적 기관이기도 한데, 기후 사이클의 막대한 에너지를 소모함으로써 그것을 지속시키는 데에도 기여한다.

매일 6톤 이상의 크릴을 먹어치우는 고래는 탄소를 붙들어 자신의 조직에 저장한다. 이 탄소는 대기 중의 이산화탄소에서 왔는데, 크릴의 먹이가 되는 식물 플랑크톤이 광합성을 통해 자신의 몸에 고정한 것이다. 이 탄소는 결국 고래 시체와 함께 바닷속 깊은 곳에 가라앉아 대기 중의 탄소를 제거하는 데 도움을 준다. 고래는 또한 엄청난 양의 똥(한 번 눌 때마다 테니스 코트 하나를 분홍색 공들로 채울 만큼 많이)을 배설함으로써 바다를 비옥하게 하는 최상질의 비료를 공급해, 이번에는 반대로 식물 플랑크톤의 번성에 도움을 준다. 에너지 절약을 외면하는 기계들이 넘쳐나는 이 시대에 고래는 우리에게 많은 영감을 준다.

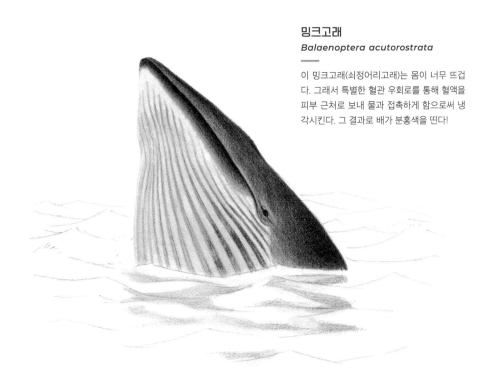

밍크고래
Balaenoptera acutorostrata

이 밍크고래(쇠정어리고래)는 몸이 너무 뜨겁다. 그래서 특별한 혈관 우회로를 통해 혈액을 피부 근처로 보내 물과 접촉하게 함으로써 냉각시킨다. 그 결과로 배가 분홍색을 띤다!

열수 분출공 주변을 뒤덮고 있는 화학 합성 세균 덕분
에 열수 분출공 생태계는 열대 숲 생태계가 전혀 부럽
지 않다. 가장 눈에 띄는 생물은 새우의 일종인 리미카
리스 엑소쿨라타*Rimicaris exoculata*로, 그 껍데기에
화학 합성 세균들이 붙어살고 있는데, 새우는 세균에게
산소와 보호를 제공하고 그 대가로 당분을 얻는다.

열수 분출공

깃털 장식이 달린 생물

아주 깊은 바닷속에 사는 이 해양 생물들은 도저히 불가능해 보이는 것을 해냈다. 햇빛이 전혀 없는 이곳에서 나름의 생태계를 만들어낸 것이다. 생명을 창조하는 이 색다른 방법은 우리의 먼 기원을 조명하는 데에도 영감을 준다.

햇빛에 중독된 생태계

물속이건 육상이건 지표면의 모든 생태계는 에너지라는 관점에서 보면 단순히 태양 전지판이라 할 수 있다. 먹이 사슬은 유일한 에너지원인 태양 에너지를 전환시켜 소비하는 단순한 시스템으로 볼 수 있다. 이 에너지 전환을 담당하는 생물을 '1차 생산자'라고 하는데, 식물 플랑크톤 같은 식물은 광합성을 통해 빛 에너지를 화학 결합으로 전환시키면서 이산화탄소를 재료로 유기 물질을 만든다. 이 유기 물질은 나머지 모든 생물의 구조를 만드는 재료와 연료로 쓰인다. 생물들은 탄수화물의 화학 결합을 끊음으로써 거기에 저장된 에너지를 움직임과 열, 그리고 때로는 전기의 형태로 꺼내 쓴다.

이것이 생물이 살아가는 방식이다. 태양은 모든 먹이 사슬에 영양과 에너지를 공급하고, 바다의 먹이 사슬은 먹고 먹히는 관계가 수십 단계에 걸쳐 얽혀 있다. 이렇게 태양은 모든 생물을 먹여 살리고 움직이게 하는 에너지원이다. 적어도 1970년대까지는 누구나 그렇게 생각했다.

사람들은 오랫동안 생물은 다른 방식으로는 존재할 수 없다고 생각했다. 플러그를 꽂아 전기 공급원에 연결해야 작동하는 장비처럼 생물은 반드시 태양 에너지가 있어야 살아갈 수 있는 것처럼 보였다. 물론 심해처럼 캄캄한 곳에서 살아가는 생물도 일부 있긴 하지만, 이들 역시 멀리 떨어져 있는 태양 에너지를 어떻게든 이용해 살아간다. 이들은 더 밝은 지역에 위치한 생태계에서 떨어져 내려오는 유기물 부스러기를 섭취함으로써 살아간다. 따라서 심해에 사는 대다수 종은 위에서 눈처럼 떨어져 내려오는 각종 부스러기와 똥, 생물 사체로 이루어진 '바다눈marine snow'에 의존해 살아간다. 이 모든 에너지는 결국 태양에서 온 것이다.

혁명적인 발견

1977년, 갈라파고스 제도 부근 바다에서 수심 2500m 지역의 해령을 조사하던 미국의 심해 잠수정 앨빈호 승무원들이 기묘한 것을 발견했다. 잠수정의 전조등 불빛에 비친 열수 분출공 주변에서 뭔가가 마치 불꽃놀이처럼 솟아오르고 있었다. 자세히 살펴보니, 수많은 동

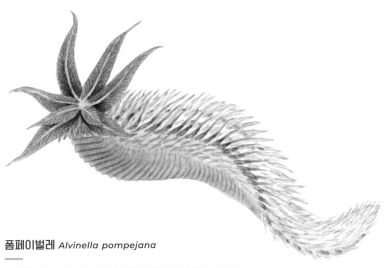

폼페이벌레 *Alvinella pompejana*

폼페이벌레는 지렁이와 마찬가지로 환형동물에 속한다. 하지만 폼페이벌레는 80℃에 이르는 높은 온도에서도 살아남을 수 있는데, 이것은 동물계 전체를 통틀어 최고 기록이다! 온몸을 뒤덮고 있는 털에는 폼페이벌레와 공생 관계인 세균이 무리를 지어 살고 있다.

물이 무리 지어 모여 있었다. 지렁이, 물고기, 갑각류가 뜨거운 물이 솟아나오는 구멍 주변에 우글거리고 있었는데, 마치 화창한 일요일에 공원에 놀러 온 방문객들 같았다. 가장 아름다운 산호초에 비견할 만큼 생명이 넘치는 이 오아시스는 심해의 칠흑 같은 어둠 속에서도 활짝 꽃을 피우고 있었다. 경탄을 금치 못한 과학자들은 그곳을 '장미 정원Rose Garden'이라고 이름 붙였다.

앨빈호는 그 후에 전 세계의 여러 바다에서 비슷한 수중 오아시스를 많이 발견했다. 이 마법의 장소들은 모두 두 지각판 사이의 경계를 이루는 해령을 따라 분포해 있었는데, 그곳에는 지구 내부에서 뜨거운 물이 솟아 나오는 열수 분출공이 있었다.

이 새로운 생태계들에서 관찰된 동물 개체군의 밀도는 나머지 해저 평원 지역보다 약 10만 배나 높았다. 이러한 생명의 풍부성은 바다눈만으로는 설명이 되지 않았다. 이러한 기적은 다른 에너지원이 있어야 설명이 가능했다. 하지만 이토록 깊은 바닷속에는 햇빛의 생명력이 전혀 미치지 않는다. 이곳 생물들은 그때까지 알려진 것과는 완전히 다른 에너지원에 의존해 살아가는 게 분명했다.

물이 없으면 열수 분출공도 없다

뜨거운 물이 솟아나는 이곳에서는 도대체 무슨 일이 일어나고 있는 것일까? 이곳에서는 마그마가 맨틀 표면으로 솟아오르고 있는데, 해저 바닥으로 스며들어간 물이 암석층 사이를 통과하면서 아주 높은 온도로 가열된다. 가열된 물은 결국 해저 간헐천처럼 지면을 뚫고 솟아나오게 된다. 이때 물에 녹은 광물질도 함께 섞여 나오는데, 그래서 이 구멍을 통해 위험한 화학 물질들이 섞인 시커먼 물기둥이 솟아나온다. 이렇게 시커먼 열수가 분출되는 구멍을 '열수 분출공'이라 부른다.

분출되는 물에 섞인 물질의 성분에 따라 그 색은 흰색을 띠기도 하고 검은색을 띠기도 한다. 이 상황은 이곳에 매우 극단적인 환경을 만들어내는데, 물의 산성도가 화장실 세정제보다 더 높고, 온도는 $300^\circ C$를 넘기도 한다.(심해는 압력이 매우 높아 온도가 냄비에서 물이 끓는 $100^\circ C$나 압력솥의 $120^\circ C$를 넘어가더라도 물은 끓지 않고 액체 상태를 유지한다.)

찬물과 접촉하면 물기둥에 섞인 일부 광물이 침전하게 된다. 이 침전물은 고체가 되어 쌓이면서 높이 60m 이상의 기둥을 형성한다. 이 광경은 여러 공장 굴뚝에서 독가스 구름이 쏟아져 나오는 장면을 연상시키면서 공포를 자아낸다. 우리는 생물 다양성을 위한 이상적인 환경보다는 세베소Seveso(1967년 7월 10일에 이탈리아 세베소의 화학 공장에서 유독한 화학 물질이 누출되는 사고가 발생했다. 이 사고로 4만여 마리의 가축이 죽었고, 수많은 사람이 화상과 피부병 피해를 입었으며, 주민들은 그 지역을 떠났다.—옮긴이)에 더 가까이 다가간 듯한 인상을 받는다. 하지만⋯⋯

빛 없이 살아가는 생물

심해 생물을 빛에서 해방시킨 것은 바로 독성을 지닌 이 물질들이다. 열수 분출공에서 나오는 물질에는 메탄(CH_4)과 황화수소(H_2S)가 많이 포함돼 있다. 메탄은 도시가스의 주요 성분이고, 썩은 달걀 냄새가 나는 황화수소는 광범위한 독성을 지닌 물질로, 소량만으로도 생물의 거의 모든 기관을 손상시킬 수 있다.

다행히도 열수 분출공 굴뚝 가장자리를 뒤덮고 있는 세균들은 이 독성 분자들을 길들여 에너지원으로 사용한다. 이 세균들은 빛을 이용해 이산화탄소를 포도당으로 바꾸는 광합성을 하는 대신에 화학 합성을 한다. 황화수소가 산소와 반응해 연소할 때, 화학 합성에 필요한 에너지가 나온다. 메탄의 경우에는 다소 복잡한 반응이 일어나지만, 기본 개념은 동일하다. 빛 대신에 메탄 분자가 당류를 합성하는 화학 반응의 에너지원 역할을 한다. 이렇게 극한 환경에서 살아가는 이 세균은 단 한 줄기의 햇빛도 없이 유기 물질을 합성해 그곳의 먹이 사슬 전체를 먹여 살린다.

뭉쳐야 산다

우리의 용감한 세균은 여기서 그치지 않고 놀라운 생명의 독창성을 더 보여준다. 햇빛 없이 살아가는 것만으로는 성에 차지 않는지 이 세균은 잡아먹히는 단계를 거치지 않고 자신의 에너지를 나머지 생태계에 전달한다. 실제로 이 세균을 직접 섭취하는 생물은 전혀 없다. 대신에 이 세균은 다른 생물과 공생 관계로 살아가면서 영양분을 제공한다. 열수 분출공 주변에는 벌레, 이패류, 갑각류를 비롯한 다양한 종이 이 세균과 공생 관계로 살아가면서 세균에게 집과 보호처를 제공하는 대가로 약간의 포도당을 얻는다.

예를 들어 거대한 관벌레인 갈라파고스민고삐수염벌레_Riftia pachyptila_를 살펴보자. 이 관벌레는 길이가 2m 이상으로 자라며, 광대한 집락(콜로니)을 이루어 사는데, 입도 항문도 소화계도 없다. 그럴 필요가 없는 것이 공생 관계인 세균이 영양분이 되는 당류를 직접 제공하기 때문이다. 대신에 갈라파고스민고삐수염벌레는 세균들을 '영양체'라고 부르는 주머니에서 살아가게 하면서 화학 합성에 필

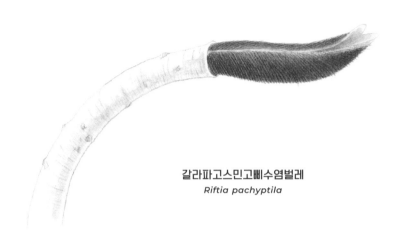

갈라파고스민고삐수염벌레
Riftia pachyptila

거대한 관벌레인 갈라파고스민고삐수염벌레*Riftia pachyptila*와 심해홍합*Bathymodiolus thermophilus*은 화학 합성을 하는 세균과 공생 관계로 살아간다. 갈라파고스민고삐수염벌레의 진홍색 부분은 아가미이다. 이 색은 독성이 있는 황화물을 혈액 속에서 아무 탈 없이 운반하는 특별한 헤모글로빈 때문에 나타난다.

심해홍합
Bathymodiolus thermophilus

요한 성분인 산소와 황화수소를 제공한다. 갈라파고스민고삐수염벌레는 이 물질들을 아가미를 통해 흡수해 아주 특별한 헤모글로빈을 이용해 운반하는데, 이 헤모글로빈은 독성이 있는 황화수소를 안정한 형태로 고정함으로써 신체에 손상을 입히지 못하게 한다. 산소와 황화수소를 얻는 대가로 세균은 당류를 합성해 갈라파고스민고삐수염벌레의 영양분으로 제공한다.

심해홍합*Bathymodiolus thermophilus*도 이와 비슷한 공생 관계를 발달시켰다. 심해홍합의 아가미에는 수조 마리의 세균이 살고 있다. 전 세계 인구보다 100배나 많은 생명체가 단 하나의 홍합 몸속에서 하나의 우주를 이루어 살고 있는 것이다! 그중에는 메탄을 먹고 사는 세균도 있고, 황화물을 먹고 사는 세균도 있는데, 그 덕분에 아주 빠르게 변하는 열수 분출공의 화학적 조성에 잘 적응할 수 있다.

이 모든 공생 관계는 기묘하게도 얕은 바다에서 살아가는 산호의 공생 관계와 비슷하다. 산호는 자신의 몸에 미소 조류를 키우고 그것을 영양분으로 섭취한다. 따라서 산호는 조류가 고정한 태양 에너지를 사용하는 셈이다. 태양이 없는 열수 분출공 세계에서는 관벌레와 심해홍합이 화학 에너지를 활용하기 위해 동일한 전략을 구사한다.

이들을 잡아먹고 사는 포식 동물들이 있고, 또 이 포식 동물들을 잡아먹고 사는 포식 동물들도 있다. 거대한 뱀장어와 무시무시한 키메라('유령상어'라고도 함)에 이르기까지 열수 분출공 주변 지역의 전체 생태계는 결국 세균의 화학 합성에 의존해 굴러간다.

최초의 생명체가 태어난 장소

열수 분출공 주변에서 살아가는 생물은 대다수 생태계가 화학 합성이 아닌 광합성을 기반으로 돌아가는 지구에서 아주 예외적인 것처럼 보인다. 하지만 이러한 생명 형태는 아주 오래된 것일지 모르며, 나머지 모든 생물의 조상일지도 모른다.

사실, 열수 분출공 주변에는 다공질 광물 표면이 많이 존재하는데, 이곳에서 차가운 바닷물과, 다양한 화학 원소를 포함하고서 열수 분출공에서 나오는 뜨거운 물이 만난다. 그래서 큰 화학적 불균형이 생겨나고, 원소들 사이의 큰 농도 차로 인한 삼투압 때문에 다양한 이온 흐름이 발생한다. 이러한 불균형은 생명의 존재에 필수적인 조건 중 하나이다.

2부에서 연어가 가르쳐준 것처럼(77쪽 참고) 균형에 저항하는 것은 생명을 정의하는 속성 중 하나이며, 세포가 에너지를 저장할 수 있는 것도 화학적 농도 불균형 때문이다. 그래서 생물학자들은 세포들이 열수 분출공의 암벽을 모방한 자체 세포벽을 발달시키고 세계 정복에 나서기 전에 열수 분출공의 암벽이 최초의 생명체에게 대사에 필요한 양성자 흐름을 제공했다고 생각한다. 따라서 우리 모두의 먼 공통 조상은 이 놀라운 굴뚝 가장자리에서 태어나 거기에 들러붙어 살아갔을 것이다.

위기에 처한 열수 분출공 생태계

열수 분출공 주변에서 살아가는 동물들은 고대 로마의 폼페이 시민들처럼 언제 치명적인 분화가 일어날지 모르는 풍전등화의 위기 상황에 놓여 있다. 지구의 분노에 따라 각각의 열수 분출공은 언제든지 사라질 수 있다.

이러한 위협에 맞서기 위해 이곳에 사는 종들은 대부분 장거리 이주 전략을 발전시켰다. 심해홍합처럼 많은 종은 새로운 오아시스를 찾아가도록 바닷물에 유생을 수많이 풀어놓는다. 그중 일부는 새로운 오아시스에 정착해 화학 합성 세균과 공생 관계를 맺고 살아간다. 플랑크톤과 함께 떠다니는 유생이 어떻게 열수 분출공을 찾아가는지 정확한 내용은 알려지지 않았지만, 이들이 매우 효율적으로 그곳에 도착한다는 것만큼은 분명하다.

이러한 전략은 자연의 위협에 맞서려면 필수적이다. 하지만 그보다 훨씬 더 큰 위협에 맞서는 데에는 충분치 않은데, 그것은 바로 인간의 위협이다. 이들에게는 불행하게도 열수 분출공과 그 굴뚝에는 희금속이 아주 풍부하다. 광물 자원 수요의 폭발적 증가와 맞물려 투자자들과 산업가들은 '에너지 전환'이라는 미명하에 심해의 열수 분출공 지역을 개발할 기회를 호시탐탐 노리고 있다.

미친 짓처럼 보일지 몰라도, 열수 분출공이 발견된 지 겨우 50년이 지나지도 않았는데 탐욕스러운 인간은 이곳을 파괴할 계획을 세우고 있다. 이들이 채굴 허가 신청을 준비하는 동안 과학자들과

NGO(비정부 국제 조직)들은 바다 전체의 화학적 순환 평형을 깨뜨리고 지구의 기후에도 악영향을 미칠 게 뻔한 이 과정을 늦추기 위해 여러 방면에서 노력하고 있다. 그래서 이곳 생태계를 구하기 위한 싸움이 진행되고 있다.

탐욕스러운 인간들은 생명의 가장 큰 비밀과 모든 생명의 먼 기원을 간직하고 있는 이 소중한 장소를, 심지어 그것들이 발견되기도 전에 사라지게 할지 모른다. 이곳에 간직된 비밀은 전 세계의 모든 금과 코발트보다 훨씬 소중하다.

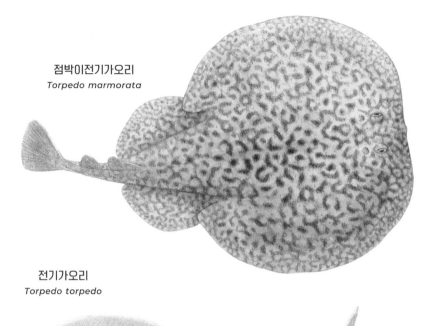

점박이전기가오리
Torpedo marmorata

전기가오리
Torpedo torpedo

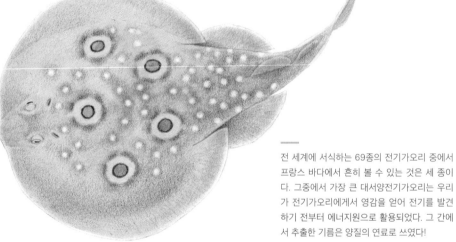

전 세계에 서식하는 69종의 전기가오리 중에서 프랑스 바다에서 흔히 볼 수 있는 것은 세 종이다. 그중에서 가장 큰 대서양전기가오리는 우리가 전기가오리에게서 영감을 얻어 전기를 발견하기 전부터 에너지원으로 활용되었다. 그 간에서 추출한 기름은 양질의 연료로 쓰였다!

대서양전기가오리
Torpedo nobiliana

전기가오리

번득이는 천재성

휴대전화를 충전하거나 전등을 켤 때면 전기가오리를 생각하라. 왜냐하면 인류가 전기라는 요정을 길들이는 데 이 물고기의 도움이 컸기 때문이다.

작은 것에서 큰 발견이 시작되는 경우가 많다. 아이작 뉴턴Isaac Newton의 머리 위에 떨어진 사과나 아르키메데스Archimedes가 몸을 담근 욕조가 그런 경우이다. 지중해 초호礁湖 바닥에 숨어서 살아가는 전기가오리에게는 위대한 창조성을 촉발시킨 이 유명한 촉매들이 전혀 부럽지 않다. 전기가오리는 수백 년 동안 뛰어난 과학자들을 깊은 생각에 잠기게 한 데 그치지 않고, 세계에 대한 우리의 이해를 크게 넓히는 데 기여했다. 심지어 새로운 형태의 에너지까지 제공했다.

불가사의한 무감각 상태

전설에 따르면, 그 이야기는 36년에 시작되었다. 통풍을 앓아 다리를 절뚝이던 안테로스Anteros라는 노예가 해변에서 그만 전기가오리를 밟고 말았다. 그것은 사소한 사건이었다. 전기가오리는 온대 바다에 흔하다. 전기가오리목에는 모두 69종이 있으며, 크기는 수십 cm에서부터 2m까지 다양하다. 어쨌든 전기가오리를 밟으면 크게 위험한 것은 아니지만 고통스러운 경험을 하게 된다.

안테로스는 큰 충격을 받았다. 그런데 놀랍게도 통풍을 앓던 발이 기적처럼 즉각 나았다. 로마인은 여기서 영감을 얻어 전기가오리를 치료 목적으로 사용하려는 생각을 했다. 얼마 지나지 않아 로마 제국 전역에서 두통에서부터 산통에 이르기까지 온갖 통증을 진정시키는 데 이 치료법이 사용되었다. 심지어 이 치료법의 기묘한 마취 효과에 전기가오리torpedo에서 딴 이름까지 붙였는데, 무감각 상태 torpor가 그것이다.

사실, 전기가오리의 신비한 능력은 고대 그리스인도 알고 있었다. 그들은 전기가오리에게 너무 가까이 다가가면 심한 무감각 상태를 경험하게 된다는 사실을 알았다. 또한 전기가오리가 그 능력을 사용해 먹잇감인 작은 물고기를 기절시키고 포식자의 공격을 막는다는 사실도 알았다. 플라톤Platon은 가오리처럼 납작한 얼굴을 하고서 논쟁에서 상대방의 말문을 닫게 만드는 능력 때문에 소크라테스 Socrates를 전기가오리 같다고 묘사하기도 했다. 하지만 전기가오리의 마술 같은 능력이 어디서 나오는지는 수수께끼로 남아 있었다.

고대 로마 시대에 의학의 개척자였던 클라우디오스 갈레노스 Claudios Galenos가 2세기에 처음으로 그럴싸한 설명을 내놓았다. 갈레노스는 전기가오리가 극심한 냉기를 발생시켜 우리의 팔다리에 무감각 상태를 초래한다고 설명했다. 많은 사람은 이 이론을 약 1500년 동안 맹목적으로 믿었다.

냉기와 무감각 유발 입자

중세와 르네상스 시대에는 전기가오리가 '냉기'를 만들어낸다는 이론을 모두가 믿었다. 하지만 점성술사와 연금술사의 부단한 노력에도 불구하고, 냉기를 발생시키는 전기가오리의 능력이 어디서 나오는지는 아무도 몰랐고, 심지어 그 '냉기'가 어떻게 먼 거리에서 그토록 빨리 효력을 발휘하며, 왜 손을 재빨리 빼더라도 그 영향에서 벗어날 수 없는지 전혀 이해하지 못했다.

17세기 초에 역학이라는 새로운 과학이 발전하기 시작했다. 이를 통해 사람들은 사과가 왜 떨어지고 천체들이 왜 공전을 하는지 이해하게 되었다. 이제 세계의 모든 운동을 계산할 수 있었고, 힘을 사용해 설명할 수 있게 되었다. 그때, 이탈리아 과학자들이 전기가오리를 해부해보기로 결정했다. 그리고 놀라운 것을 발견했는데, '냉기'를 발생시키는 기관은 어느 모로 보나 일반적인 근육처럼 보였다. 이 발견은 당시의 시대정신과 부합했다. 전기가오리의 충격이 근육에서 나온다면 그것은 역학적으로 충분히 설명할 수 있다는 걸 뜻했기 때문이다. 역학은 뉴턴이 큰 성공을 거둔 이래 과학 분야에 뿌리를 내린 주요 원칙이었다. 이 결과를 바탕으로 박물학자 르네 앙투안 페르숄 드 레오뮈르René Antoine Ferchault de Réaumur가 새로운 이론을 내놓았다. 그는 전기가오리가 근육을 아주 빠르게 수축함으로써 일종의 수중 착암기처럼 강한 충격파를 만들어낸다고 설명했다.

하지만 이 이론으로도 제대로 설명하지 못하는 부분이 있었다.

그 충격이 물속에서 멀리 전달되는 방식은 여전히 수수께끼로 남아 있었다. 그 당시에는 오로지 역학적 해석만이 인정을 받았기 때문에, 사람들은 전기가오리가 '무감각 유발 입자'를 발사체처럼 방출한다고 상상했다. 그것이 뭔지도 모르면서 사람들은 역사상 처음으로 전자 개념을 상상했던 것이다.

그런데 전기가오리를 잘 아는 사람들은 설명하기 어려운 사실을 발견했다. 이른바 '무감각 유발 입자'는 금속이나 바닷물 같은 특정 물질을 통해서만 전파되고 유리 같은 물질에서는 전파되지 않았다.

혁명 속에 숨어 있던 또 다른 혁명

약 150년 뒤에 유럽 대도시들의 축제에 새로운 유행이 등장했다. 그것은 바로 전기 방전이었다. 카드 트릭 공연가들과 영리한 원숭이들 사이에서 프록코트 차림의 유명한 과학자와 마술사(이 둘을 겸한 사람도 많았다)가 기묘한 장치를 사용해 섬광을 만들어내고 구경꾼의 머리카락을 곤두서게 하는 묘기를 보여주었다. 이 묘기를 매우 좋아한 영국의 존 월시John Walsh 대령은 전기가오리에 대한 이야기도 많이 들었다. 그는 남아메리카에서 동일한 '무감각 유발' 효과를 일으키는 뱀장어를 만났다는 네덜란드 탐험가들의 이야기도 읽었다.

이 물고기들이 주는 충격은 축제 장소에서 전기 기계들이 만들어내는 것과 아주 비슷했는데, 이 사실에 주목한 월시는 그것이 단순히 우연의 일치일 리가 없다고 생각했다. 자연의 이 두 가지 힘은 뭔가 공통점이 있지 않을까? 월시는 피뢰침 발명가이자 새로 생겨난 전기 분야에서 세계적인 권위자로 통하던 벤저민 프랭클린Benjamin Franklin에게 이 생각을 알리기로 했다. 그래서 프랭클린의 의견을 물으려고 편지를 썼다. 그런데 그 당시 프랭클린은 다른 생각에 푹 빠져 있었다. 그것은 바로 아메리카 식민지를 영국의 지배에서 벗어나 독립 국가로 만들려는 계획이었다.

하지만 새 나라의 건국을 위한 외교 교섭에 매진하는 와중에도 프랭클린은 월시의 생각에 큰 매력을 느꼈고, 전기뱀장어에 위대한 발견의 비밀이 숨어 있다는 직감이 들었다. 그래서 혁명 노력을 잠깐 제쳐놓고 점박이전기가오리Torpedo marmorata의 전기적 특성을 시험하기 위해 자세한 실험 계획을 고안했고, 월시는 그 계획에 따라 1772년에 레섬 해변에서 실험을 했다. 용감한 아마추어들이 실험에 나서 번갈아가며 전기가오리와 전기 장치를 만지면서 그 감각을 비교했다. 결과는 의심의 여지가 없었다. 전기가오리에게서 느끼는 충격은 전기 방전에서 느끼는 효과와 정확하게 똑같았다. 전기를 전달하거나 차단하는 물질도 전기가오리의 충격을 전달하거나 차단하는 물질과 똑같았다. '무감각 상태'와 전기는 동일한 것이었다!

이 발견이 발표되자, 전기가오리는 전 세계의 과학자들 사이에서 황금 알을 낳는 거위가 되었다. 헨리 캐번디시Henry Cavendish, 마이클 패러데이Michael Faraday, 조제프 루이 게이뤼삭Joseph Louis Gay-Lussac, 앙투안 앙리 베크렐Antoine Henri Becquerel을 비롯한 과학자들이 프랑스 방데주와 아드리아해 해변으로 달려가 전기가오리의 비밀을 알아내려고 노력했다. 그리고 이 미천한 가오리는 인류의 운명을 돌이킬 수 없게 바꿔놓았다.

이탈리아에서 벌어진 논쟁

이탈리아 의사 루이지 갈바니Luigi Galvani는 전기가오리가 전기를 만든다는 사실에 큰 흥미를 느끼고 다른 동물들의 몸에서도 전기가 생기는지 조사하기 시작했다. 1790년대에 갈바니는 모든 동물의 근육이 신경을 통해 전달되는 전기로 작동한다는 사실을 발견했다. 이렇게 해서 전기생리학이라는 새 과학 분야가 탄생했는데, 동물과 전기 사이의 관계를 연구하는 분야였다. 오늘날 신경계에 대해 우리가 알고 있는 지식은 대부분 여기서 시작되었다.

　하지만 갈바니에게는 알레산드로 볼타Alessandro Volta라는 경쟁자가 있었다. 두 사람은 모든 면에서 대조적이었다. 갈바니는 애국심이 강한 이탈리아인이었고, 신중한 성격에 집 안에 틀어박혀 지내길 좋아했다. 볼타 역시 같은 이탈리아인이었지만, 이탈리아를 침공한 나폴레옹에게 협력했다. 시대를 앞선 홍보 능력을 지녔던 볼타는 자신의 이론과 생각을 널리 알리기 위해 여러 나라의 많은 살롱을 방문했다. 무엇보다도 볼타는 물리학자였다. 생물 관찰에 치중한 갈바니와 달리 볼타는 모든 것은 '정도와 수'로 설명해야 한다고 믿었다. 따라서 갈바니가 동물의 근육에서 생겨난다고 주장한 '동물' 전기는 그 기원이 물리적인 데 있다고 믿었다. 이 두 견해의 충돌로 과학사에서 가장 치열하면서도 가장 생산적인 논쟁이 벌어졌다. 전기는 생명과 관련이 있는 감각일까, 아니면 무생물 물질에서 발생하는 현상일까? 이 수수께끼에 대한 열쇠는 전기가오리가 쥐고 있는 것처럼 보였다.

전지의 탄생

1800년, 볼타는 전기가오리의 전기 기관을 인공적으로 재현함으로써 그것이 물리적 장비에 불과하다는 사실을 입증하려는 계획을 세웠다. 전기가오리의 몸 양쪽에 불룩 튀어나온 이 기관을 잘라서 본 단면은 벌집과 비슷한 모양이었다. 수백 개의 육각기둥이 신경을 통해 서로 '연결된' 채 배열돼 있었다. 각각의 기둥은 층층이 쌓인 작은 조각들로 이루어져 있었고, 그 조각들은 소금기가 있는 젤라틴질 물질에 잠겨 있었다.

볼타는 이 구조를 알아챘고, 그 작은 전기적 압력들을 아주 많이 층층이 쌓아 '볼타 전지'를 만들면, 양극 사이에 상당히 큰 전기

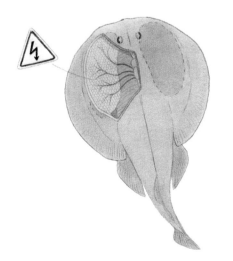
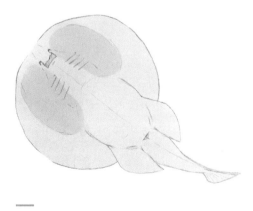

전기가오리의 전기 기관은 '층층이 겹쳐진' 구조로 이루어져 있으며, 그 때문에 벌집과 비슷한 모양으로 보인다.

적 압력이 생겨날 것이라고 생각했다. 또한 소금기가 있는 물질이 전도체 역할을 한다는 사실도 알아챘다. 그래서 전기가오리의 전기 기관을 모방해 아연과 은 조각들을 층층이 쌓고 각 층들 사이에 소금물에 적신 천을 끼워 넣은 장치를 만들었다. 그러자 이렇게 만든 기둥의 양 끝 사이에 전기적 압력이 생겨났다. 최초의 전지가 탄생한 것이다! 볼타는 전기가오리의 전기 기관에 경의를 표하기 위해 그것을 '인공 전기 기관'이라고 불렀다.

전지는 전기를 저장하고 이 새로운 에너지를 사용하는 방법을 발전시키게 해주었다. 하지만 그 당시에는 전기를 어떤 용도로 사용해야 할지 제대로 아는 사람이 아무도 없었다.

마침내 밝혀진 전기가오리의 비밀

두 이탈리아인 사이에 논쟁이 벌어진 지 200여 년이 지난 지금은 둘 다 옳은 것으로 밝혀졌다. 전기가오리를 현미경으로 자세히 조사한 결과, 전기 기관이 층층이 쌓인 조각들 때문에 볼타 전지처럼 작동하며, 실제로 전지라는 사실이 밝혀졌다. 두 전기 기관에서 소금물 용액은 전지를 이루는 층들 사이에서 전하를 전달하는 역할을 한다. 하지만 구성 요소는 다르다. 볼타 전지를 이루는 층들은 은과 아연 사이에 전자를 교환하는 화학 반응이 일어나 전하의 흐름(즉, '전류')을 만들어낸다. 반면에 전기가오리의 전기 기관을 이루는 조각들은…… 기본적으로 근육이다. 각각의 조각은 사실상 납작한 근육

세포인데, 이것이 진화 과정을 거쳐 전기세포electrocyte가 된 것이다. 전기세포는 신경에서 전기 신호를 받으면, 다른 근육세포처럼 수축을 하는 대신에 두 면 사이에 전기적 압력이 쌓인다. 전기가오리의 전기 기관은 엄밀하게는 근육인데도 일반 근육과 다른 방식으로 작용했기 때문에, 19세기 초에 전기가오리를 해부한 과학자들을 혼란스럽게 했다.

각각의 기둥에 수천 개의 전기세포가 층층이 쌓이면, 전기가오리의 등(전지의 양극에 해당하는)과 배(음극에 해당하는) 사이에 200볼트 이상의 전압이 생겨날 수 있다. 전기가오리의 전기 기관 기둥들은 병렬 방식으로 연결돼 있어 전지에서 방전이 덜 빠르게 일어난다. 아마존강에 사는 전기뱀장어의 경우에는 기둥들이 직렬 방식으로 연결돼 있다. 그래서 전압이 최대 600볼트까지 올라, 바닷물에 비해 전도성이 떨어지는 민물에서도 손쉽게 먹잇감을 사냥할 수 있다.

수천 년 동안 수수께끼로 남아 있던 전기가오리의 비밀이 마침내 밝혀졌고, 지금은 그 밖의 전기 물고기가 수백 종이나 발견되었다. 살아 있는 전지인 이 물고기들에게서 생물과 전기 사이의 관계에 대한 모든 비밀을 발견할 수 있다!

5부

빛의 존재

햇빛의 비밀

바다 밑에서는 빛이 아주 소중하다. 빛은 물 분자에 흡수되기 때문에, 더 깊이 내려갈수록 빛이 점점 더 희미해진다.

수심 5m에서는 빨간색 빛이 이미 사라진다. 햇빛의 입자(광자) 중 수심 1000m 아래까지 내려갈 수 있는 것은 단 하나도 없다.

그래도 빛은 에너지와 의사소통의 원천이기 때문에 꼭 필요하다. 그래서 바다 동물들은 스스로 빛을 만드는 법뿐만 아니라, 빛을 길들이는 방법과 매우 뛰어난 공학자들의 기술을 뛰어넘는 광학 기술을 발달시켰다! 바닷속에서는 투명 망토와 3D 안경과 여러 가지 불꽃놀이를 흔히 볼 수 있다.

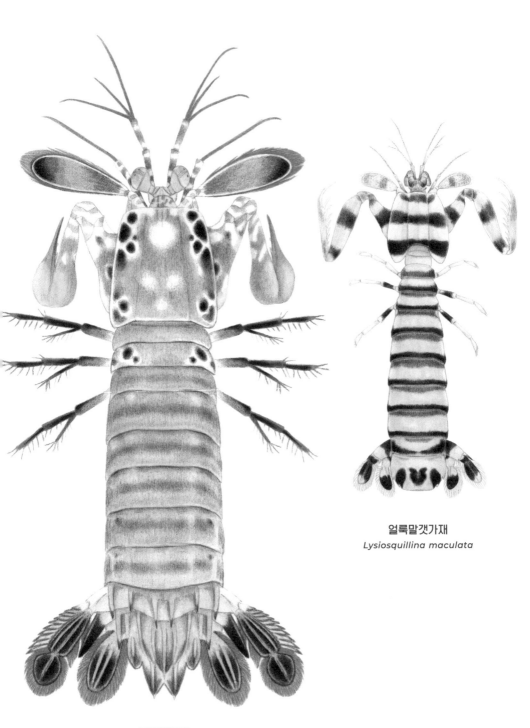

얼룩말갯가재
Lysiosquillina maculata

공작갯가재
Odontodactylyus scyllarus

갯가재

빛을 산산조각내는 존재

집게발을 한 번 찰칵거림으로써 바다를 끓어오르게 만들고……
빛의 가장 은밀한 속성을 한눈에 해독하는 갑각류.

수족관의 미스터리

런던의 고급 아파트를 장식한 수족관은 주인의 자부심이다. 섬세한 산호와 하얀 모래, 경탄을 금치 못하는 손님들……. 이것들은 범죄 현장을 장식하기에 아주 아름다운 배경이다. 왜냐하면 이곳에서는 매일 밤 동일한 공포 드라마가 펼쳐지기 때문이다. 밤이 찾아올 때마다 아무도 보지 못하는 사이에 이곳 주민이 하나씩 불가사의하게 사라진다. 물고기, 조개를 비롯해 모든 동물이 사라져간다. 연쇄 살인범은 자기만의 특유한 흔적을 남긴다. 전광석화 같은 납치가 일어날 때마다 늘 큰 폭발음이 난다. 그것 외에는 어떤 단서도 남기지 않는다.

1월의 어느 날 밤, 그 어떤 때보다도 큰 폭발 소리가 났다. 이번에는 수족관 전체가 산산조각났다! 공포에 사로잡힌 비명 소리가 울려퍼졌다. 물로 뒤덮인 바닥 위에 널린 유리 조각과 해양 장식물의 잔해 사이에서 다채로운 색의 커다란 새우가 경련을 일으키듯이 부들부들 떨고 있었다.

범인으로 추정되는 이 새우는 작은 바닷가재만 했다. 광대처럼 요란한 몸 색깔과 닥스훈트(다리가 짧은 사냥개)처럼 생긴 겉모습만 보고서는 이 새우가 자기 몸집의 세 배나 되는 물고기를 사라지게 하고 유리를 산산조각낸 범인이라고는 믿기 어려웠다. 하지만 이것은 이 동물의 가장 놀라운 능력에 비하면 아무것도 아니다.

태평양의 산호초에서 어린 갯가재는 산호 틈새에 숨어서 자란다. 우연히 은신처를 제공하던 산호 조각이 채집돼 열대 수족관 애호가에게 팔려가면, 갯가재도 산호 조각에 딸려가게 된다. 갯가재는 성장하면서 거처를 바꾸는데, 모래 아래로 파고 들어가 안락한 굴을 만든다. 늘 집 안에 틀어박혀 지내길 좋아하는 갯가재는 사냥할 때에만 잠시 밖으로 나와 전광석화 같은 속도로 먹잇감을 덮쳐 은신처로 끌고 들어간다. 갯가재는 이 고약한 습성 때문에 수족관 애호가들에게는 공포의 대상이지만, 생체역학자들 사이에서는 아이돌이다.

키틴질 장갑을 낀 쇠주먹

갯가재는 가슴 아래에 사마귀 다리를 연상시키는 집게발 2개가 접힌 채 숨어 있는데, 그래서 영어로는 '사마귀새우'라는 뜻으로

mantis shrimp라고 부른다. 450여 종에 이르는 갯가재는 모든 열대와 온대 바다에 서식하며, 갑각류 중에서 구각목이라는 별도의 목을 이루고 있다. 갯가재는 집게발의 모양에 따라 작살형과 망치형의 두 종류로 나뉜다. 작살형은 긴 칼로 푹 찌르듯이 단번에 먹이를 꿰뚫고, 망치형은 강력한 펀치를 휘둘러 아주 단단한 해산물 껍데기도 손쉽게 부순다.

어떤 무기를 선택하건, 그 폭력성은 매우 강렬하다. 집게발은 순

얼룩말갯가재 *Lysiosquillina maculata*
갯가재는 모래 속에 몸을 숨긴 채 먹잇감이 다가오길 기다린다. 그러다가 용수철처럼 작동하는 집게발을 전광석화같이 내뻗는다.

식간에 시속 80km의 속도로 움직이는데, 이것은 눈을 깜박이는 속도보다 10배 이상 빠르다. 그 가속도는 중력 가속도의 1만 배에 이른다. 주먹의 힘을 측정하는 놀이공원의 펀치 머신에 권투 선수가 갯가재만큼 빠르게 주먹을 날린다면, 그 기계는 지구 궤도를 벗어나고 말 것이다! 내로라하는 근육맨들도 그런 갯가재 앞에서는 고개를 절레절레 흔들 것이다.

작은 갯가재가 어떻게 이토록 가공한 펀치를 휘두를 수 있을까? 근육의 힘만으로는 그렇게 강력한 펀치를 만들어낼 수 없다. 갑자기 에너지를 방출하기 전에 먼저 에너지를 충분히 저장할 필요가 있다. 갯가재는 팔오금에 매우 단단한 바이오세라믹 재료로 만들어진 용수철이 있는데, 이 용수철은 프링글스 칩 모양으로 생겼다. 갯가재는 공격을 할 때, 일종의 방아쇠를 통해 잠겨 있던 팔꿈치를 푼다. 그러면 프링글스 칩 모양의 용수철이 풀리면서 저절로 집게발 펀치가 앞으로 발사된다.

이중의 타격

한 가지 장점이 더 있는데, 갯가재가 타격을 한 번 가할 때 상대는 두 번의 타격을 받는다. 그것은 갯가재가 사전에 미리 두 번의 타격을 예상하고 공격하기 때문이다.

집게발을 먹잇감을 향해 내뻗는 순간, 집게발이 너무 빨리 튕겨나가 바람에 주변의 압력이 급격히 낮아지면서 그 공간에 주변의 물이 빨려든다. 그런데 액체의 압력이 충분히 낮아지면, 분자들이 서로 멀어지면서 결국 기체가 된다. 이렇게 해서 갯가재는 물을 끓어오르게 만든다! 이렇게 생성된 수증기 거품이 격렬하게 내파內破(폭파하면서 안쪽으로 붕괴하는 현상)하면서 먹잇감에게 두 번째 타격을 가해 정신을 잃게 만든다.

'공동空洞 현상(유체의 속도 변화로 인해 압력 변화가 일어나면서 유체 내에 공동이 생기는 현상)'이라 부르는 이 현상은 일반적으로 초고속 선박과 어뢰의 프로펠러에서만 관찰된다. 따라서 군함과 매우 비슷하게 생긴 갯가재를 마르세유에서 갈레르galère(갤리선을 가리키는 프랑스어)라는 별명으로 부르는 것은 놀라운 일이 아니다!

바다 밑의 별

갯가재의 공격에서 간신히 살아남은 큰가리비는 촛불 36개를 보았다고 이야기할 것이다. 이것은 단지 비유적인 이야기가 아니다. 갯가재의 집게발에 물체가 닿을 때마다 눈부신 섬광이 발생하는데, 이 현상은 물리학자들의 관심을 끌었다. 실제로 수증기 거품이 내파할 때마다 태양 표면 온도보다 높은 2만 2000°C의 높은 온도에 도달한다! 그 순간에 거품 속에서 정확하게 어떤 일이 일어나는지는 아직 수수께끼로 남아 있지만, 한 가지만큼은 분명하다. 펀치 공격이 가해질 때 거품 속의 화학 물질에 큰 변화가 일어나면서 펀치의 엄청난 에너지 중 일부가 빛의 형태로 방출되는 것이다.

갯가재의 경이로운 눈

갯가재가 결정적 한 방을 날리려면, 매복 장소를 잘 선택하는 게 무엇보다 중요하다. 그리고 경쟁자가 없는 게 아니기 때문에 갯가재들 간의 갈등도 불가피하다. 중무장한 두 기사 사이에 벌어지는 격렬한 마상 시합을 상상해보라. 이것은 갯가재가 탈피를 할 때에는 반드시 피해야 하는 상황인데, 갑옷을 벗고 무방비 상태에 놓이기 때문이다.

공작갯가재 *Odontodactylyus scyllarus*

갯가재의 눈은 수많은 낱눈이 모여 이루어진 겹눈이다. 낱눈은 제각각 다른 색을 감지한다. 갯가재 3개의 가짜 눈동자(어두운 점)를 통해 3차원으로 볼 수 있다.

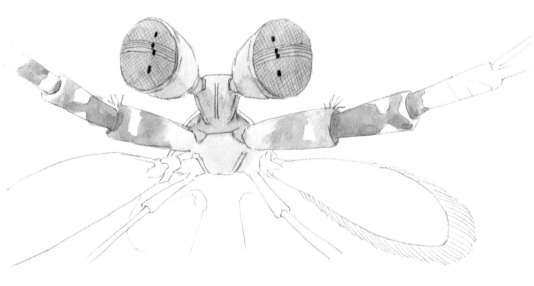

먹이를 발견하거나 다툼을 피하거나 싸움이 발생했을 때 최대한 빨리 대응하기 위해 갯가재는 예리한 시력과 즉각적인 정보 처리 시스템이 필요하다. 이를 위해 갯가재는 빛의 비밀을 이용하는 방법을 알고 있다.

갯가재의 눈을 자세히 살펴보면, 그 눈이 얼마나 특별한지 알 수 있다. 이 동물은 도대체 어떤 방식으로 세상을 바라볼까? 첫 번째 사실은 한눈에 파악할 수 있다. 각각의 눈에는 검은 점이 3개씩 있다. 이 점들은 눈동자 역할을 하므로, 갯가재는 눈 하나에 3개의 눈이 있는 것과 같다. 그래서 한 눈만으로도 삼각 측량법을 통해 거리를 가늠할 수 있다. 눈 하나에 눈동자가 하나뿐인 사람은 뇌가 같은 기능을 수행해 3차원으로 보려면 양 눈이 필요하다.

☆☆☆

선크림과 디스코 볼

하지만 갯가재의 눈을 좀 더 자세히 살펴보면 놀라운 사실을 발견하게 된다. 그 눈은 마치 복고풍 디스코테크에서 반짝이는 사각형 패턴으로 뒤덮여 있는 디스코 볼처럼 보인다. 사실, 각각의 사각형 면은 한 가지 색상을 구별하는 광수용체이다. 우리 망막에는 세 종류의 광수용체가 있지만, 갯가재의 눈에는 광수용체가 열두 종류나 있다! 그중 여섯 종류는 자외선 영역, 즉 가시광선의 '보라색 영역 밖에' 있어 우리 눈이 지각하지 못하는 색의 빛을 처리하는 데 쓰이는데, 이 때문에 갯가재는 우리가 보지 못하는 여러 가지 색조를 구별할 수 있다. 이것들은 우리 눈에는 보이지 않지만, 산호초에 많이 존재하는 색조들이다.

이러한 광수용체의 효율성을 높이기 위해 갯가재는⋯⋯ 자신만의 선크림을 사용한다. 갯가재는 많은 바다 동물이 자외선으로부터 피부를 보호하기 위해 사용하는 물질인 마이코스포린 유사 아미노산을 만든다. 그런데 갯가재는 이 물질을 아주 교묘한 용도로도 사용한다. 갯가재는 이것을 카메라 렌즈에 부착하는 컬러 필터처럼 광필터로 사용한다. 그 목적은 아주 단순한데, 특정 광수용체들을 통해 다양한 색상을 더 쉽게 감지하기 위한 것이다. 따라서 같은 종류의 광수용체로도, 사용하는 필터에 따라 여러 가지 색상을 감지할 수 있다.

이렇게 다양한 광수용체를 가지고 있으니 갯가재가 위대한 화가보다 색상을 더 잘 구별할 거라고 생각하기 쉽지만, 기묘하게도 그렇지 않다. 갯가재는 특정 범주의 색상들은 명확하게 구별하지만, 서로 가까운 두 색상의 미묘한 차이는 구별하지 못한다. 그 원인은 신경계가 색을 처리하는 방식에 있다. 사람은 세 종류의 광수용체를 통해 세 가지 색상만 감지하지만, 뇌가 여러 광수용체의 신호를 결합해 감지된 색조를 미세하게 조정하는 과정을 거쳐 재구성한다. 이러한 시각 정보의 수학적 처리 과정 덕분에 클로드 모네Claude Monet와 바실리 칸딘스키Wassily Kandinsky 같은 위대한 화가가 탄생할 수 있었다. 하지만 그 대가로 우리는 부피가 크고 복잡하며 상대적으로 느린 신경계를 갖게 되었다.

이와는 대조적으로, 갯가재가 색을 지각하는 방식은 매우 단순하다. 각각의 광수용체는 자체 통로를 통해 신호를 뇌로 직접 보낸다. 갯가재의 뇌는 색조의 미묘한 차이를 정확하게 계산하는 대신에 단순히 어떤 색의 유무만을 판단한다. 이 방법에 의존하는 한, 미술관에 훌륭한 작품을 전시하는 갯가재는 절대로 나올 수 없으며, 갯가재는 매우 단순한 색상을 통해 주변 환경을 볼 수 있을 뿐이다. 하지만 갯가재는 색을 띤 물체를 발견하면, 그것이 성난 경쟁자인지 맛있는 산호초 물고기인지 순식간에 파악하고 즉각 반응할 수 있다.

색을 넘어 편광을 감지하는 갯가재

정말로 갯가재의 껍데기 속으로 들어가 갯가재의 관점에서 세상을 보고 싶다면, 상상력을 더 발휘할 필요가 있다. 갯가재의 시각은 사람과 마찬가지로 색과 빛의 세기를 지각하는 것에만 그치지 않기 때문이다. 갯가재는 빛의 또 다른 기본적인 속성인 편광을 활용한다.

편광은 우리 눈이 감지하지 못하는 빛의 속성이기 때문에 우리가 그것을 상상하기란 쉽지 않다. 이것은 우주의 부제(부차적 특성)에 해당하는 보조 변수로, 우리의 감각에는 감지되지 않지만 갯가재는 그것을 읽을 수 있다.

비록 우리가 그것을 보지는 못하지만 갯가재가 보는 것을 이해하려면, 빛의 물리적 속성을 알아야 한다.

빛은 일종의 파동이며, 전자기장이라는 물리적 양이 이동하는 결과로 생겨난다. 빛은 파도에 비유할 수 있는데, 파도 역시 파동이다. 파도의 경우, 이동하는 물리적 양은 파도의 높이이다. 빛의 색을 결정하는 것은 빛의 파장인데, 파도의 경우 연속적인 마루와 마루 (또는 골과 골) 사이의 거리에 해당한다. 빛의 세기를 결정하는 것은 빛의 진폭이며, 파도의 경우 단순히 파도의 높이에 해당한다.

하지만 항상 수직 방향으로만 진동하는 파도와 달리, 빛의 전자기장은 다른 방향으로도 진동할 수 있다. 마치 파도가 대각선이나 수평 방향으로 움직이거나 심지어 이동 축에 대해 스스로 회전하는 것처럼 말이다! 이렇게 전자기장이 특정 방향으로 진동하는 빛을 '편광'이라고 한다. 빛의 원천과 빛이 통과하는 매질에 따라 그 편광 상태가 달라진다. 갯가재는 다양한 편광을 정확하게 구분할 수 있지만, 가련한 인간은 이를 감지하려면 복잡한 장비들이 필요하다.

천재적인 이 동물의 능력은 여기서 그치지 않는다. 갯가재는 편광을 감지할 뿐만 아니라, 편광을 마음대로 바꿀 수도 있다. 껍데기의 패턴을 변화시킴으로써 자신의 몸에서 반사돼 나오는 빛을 실시간으로 직선이나 원형 편광으로 만들 수 있고, 또 그것을 원하는 방향으로 보낼 수 있다. 이렇게 갯가재는 다른 종(일부 물리학자를 제외하곤)은 절대로 해독할 수 없는 비밀 언어를 사용하여 동료들에게 자신의 기분을 전달한다!

사랑의 노래에도 등장하는 갯가재

갯가재의 뛰어난 능력은 최근에 와서야 연구자들의 관심을 끌기 시작했지만, 폴리네시아인은 수천 년 전부터 그 아름다움과 훌륭한 맛을 알고 있었다. 바로Varo(갯가재를 현지에서 부르는 이름)에 대한 그들의 존경심은 이 동물을 보호하기 위해 먼 옛날부터 전해 내려오는 라후이Rahui 관습이 잘 보여준다. 이 관습에 따라 번식기에 갯가재를 잡는 것은 범죄 행위이자 금기로 간주된다. 타히티섬에서 이 갑각류는 최고의 진미로 꼽히지만(특히 버터와 라임을 곁들이면), 매우 로맨틱한 노래에도 등장하는데, 이 노래에서는 사랑에 빠진 타네가 아름다운 바히네에게 항상 은으로 된 바로 꽃다발을 주겠다고 약속한다!

세 종의 생물 발광 물고기.
위에서부터 차례로 샛비늘치,
암컷 심해아귀 *Caulophryne jordani*,
발광눈금돔 *Photoblepharon*이다.

생물 발광

심해의 불꽃놀이

햇빛이 도달하지 않는 심해에서 살아가는 바다 동물은 스스로 빛을 만드는 수밖에 달리 선택의 여지가 없다. 심해의 캄캄한 어둠 속에서 살아 있는 태양처럼 빛을 내는 생물 발광 동물은 생각보다 훨씬 많다.

빛의 길이 인도한 구조

하필이면 이 순간에 계기판이 고장나다니, 이보다 더 낭패스러운 상황이 있을까! 캄캄한 밤에 태평양 한가운데에서 비행기의 연료 탱크가 거의 텅 비었다. 바다 어딘가에서 기다리고 있을 미 해군 항공모함 샹그릴라호를 찾는 데 도움을 줄 무선 신호도 전혀 잡히지 않았다. 캄캄한 망망대해에서 길을 잃은 젊은 파일럿 짐 러벨Jim Lovell은 재난 영화에나 나올 법한 시나리오에 맞닥뜨렸다.

하지만 모든 희망이 사라진 것처럼 보이던 바로 그때, 파도 위로 밝고 넓은 빛의 길이 나타났다. 마치 바다 위에 활주로를 그려놓은 것 같았다. 러벨은 그것이 뭔지 즉각 알아챘다. 그는 하강을 시작했고, 불가사의한 액체 길의 맨 끝에 이르러 항공모함 갑판 위에 맥도

넬 F2H 밴시를 부드럽게 착륙시켰다.

넓은 바다 위를 비행하는 동안 러벨은 배가 지나갈 때 스크루의 움직임으로 생물 발광 플랑크톤이 빛을 내는 장소들이 드러나는 장면을 목격한 적이 종종 있었다. 그리고 운 좋게도 미 해군 항공모함이 마침 절체절명의 그 순간에 발광 플랑크톤이 모여 있던 지점을 지나갔던 것이다. 러벨은 그렇게 태평양에서 몸과 영혼이 사라질 뻔한 위기에서 살아남았다. 훗날 그는 파일럿으로서 자신의 재능을 또한 번 유감없이 발휘했는데, 우주에서 발생한 사고로 재앙을 맞이할 뻔한 아폴로 13호를 몰고 무사히 지구로 귀환한 것이다.("휴스턴, 문제가 생겼다.")

물속에서 반짝이는 불

짐 러벨의 목숨을 구한 생물은 녹틸루카 신틸란스*Noctiluca scintillans*(직역하면 '밤에 빛을 내는 것'이란 뜻)라는 아름다운 이름을 가지고 있다. 일반적으로는 야광충이라고 부른다. 이 미소 조류는 맨눈으로는 보이지 않지만, 파도를 만나면 어둠 속에서 빛을 낸다. 80밀리초 동안 지속되는 빛은 하늘에서도 볼 수 있을 정도로 아주 강하다.

생물학자들은 야광충이 내는 빛이 포식자를 물리치는 기능을 한다고 생각한다. 포식자가 접근하면 그 영향으로 물이 움직이는데, 이 미소 조류의 외피에 가해지는 물의 힘이 화학 반응을 일으키고 그 결과로 빛이 발생한다. 운이 좋으면, 이것은 포식자를 놀라게 해

'물속에서 반짝이는 불' *Noctiluca scintillans*

야광충은 미소 조류이다. 야광충이 가득한 곳에서는 온 바다가 밝게 빛난다.

달아나게 하기에 충분하다. 야광충이 보통 상대하는 작은 갑각류보다 훨씬 더 격렬한 파도나 배의 스크루는 수백만이 넘는 이 미소 조류를 자극해 아주 밝은 빛을 내게 한다. 물 한 방울 속에 들어 있는 야광충은 1000마리 이상이나 된다. 여름밤에 프랑스 브레스트 항구

바다를 예기치 않게 환하게 밝히는 장관을 연출하는 주인공이 바로 야광충이다.

빛의 축제

스스로 빛을 내는 생명체는 언뜻 보기에는 아주 특이해 보이지만, 사실은 자연계에서 흔한 현상이다. 그리고 물속으로 더 깊이 내려갈수록 점점 더 흔하게 마주치는 현상이다. 연안 지역에 사는 해양 생물 중에서 생물 발광을 하는 종은 40종당 1종 꼴이며, 심해에서는 76% 이상이 생물 발광으로 빛을 낸다. 햇빛이 전혀 닿지 않는 심해의 칠흑 같은 어둠 속에서 살아가는 동물들은 생물 발광으로 나오는 빛을 볼 수 있는 눈만 가지고 있다. 생물 발광이 없었더라면, 동굴에 사는 많은 종처럼 이 동물들은 진화를 통해 오래전에 시각을 잃었을 것이다.

　빛은 해양 생물을 위해 다양한 역할을 한다. 반딧불이의 경우처럼 짝을 유혹하는 사랑의 신호로 사용되기도 한다. 심해아귀는 아가리 앞에 빛이 나는 막대처럼 생긴 신체 부위를 흔들어 작은 발광 동물처럼 보이게 하는데, 이것을 효과적인 미끼로 사용한다. 먹이를 발견한 줄 착각하고 다가온 물고기는 실제로는 날카로운 이빨을 만나게 된다! 빛은 방어 무기로도 쓰인다. 일부 새우는 빛이 나는 토사물을 내뱉어 공격자를 현혹시킨다. 문어가 사용하는 먹물을 '빛이 나는' 형태로 바꾸어 사용하는 셈이다. 패충류는 여기서 한 걸음 더 나아간다. 갑각류의 한 종류인 패충류는 몸길이가 수 mm에 불과한데, 포식자(대개 물고기)가 자신을 삼키길 기다린다. 그랬다가 수많은 발광 분자를 방출해 불운한 포식자를 살아 있는 불빛으로 만든다. 그러면 물고기는 자신이 더 큰 포식자의 눈길을 끌까 봐 삼켰던 패충류를 뱉어낼 수밖에 없다.

심해 문어처럼 스스로 빛을 내는 동물도 있지만, 빛을 내는 세균을 자기 몸속에서 살아가게 하면서 그 역할을 맡기는 동물도 있다. 발광눈금돔이 바로 그런 경우인데, 눈 아래에 있는 주머니에 알리비브리오 피스케리*Aliivibrio fischeri*라는 세균이 발광눈금돔의 혈액에서 당분과 산소를 공급받으면서 살고 있다. 밤이 되면 이 세균은 빛을 방출한다. 숙주인 발광눈금돔은 특별한 인대를 사용해 필요에 따라 세균을 가리거나 노출시킴으로써 전등을 켜거나 끌 수 있다. 이 방법을 사용해 발광눈금돔은 어둠 속에서도 먹이와 이웃을 발견할 수 있을 뿐만 아니라, 교묘한 속임수로 포식자를 따돌릴 수 있다. 포식자가 쫓아오면, 발광눈금돔은 불을 켠 채 한쪽 방향으로 가는 척하다가 불을 끄고 반대 방향으로 달아난다! 이것은 문자 그대로 왼쪽 방향 지시등을 켠 채 우회전을 하는 셈이다.

발광 주머니의 빛은 세균이 내는 것이기 때문에, 발광눈금돔의 몸에서 꺼낸 뒤에도 이 주머니는 계속 빛이 난다. 그래서 동남아시아에서는 어부들이 이 주머니를 등불뿐만 아니라 천연 미끼로도 사용한다!

잠수함을 갉아먹는 상어

1970년대에 작은 동물이 자신보다 훨씬 큰 미국 핵잠수함에 큰 문제를 일으킨 적이 있었다. 몸길이가 약 50cm인 이 동물이 잠수함에 접근하자 비상사태 경보가 울렸다! 다행히도 얼마 후 잠수함은 위험 상황에서 벗어났다.

상어과에 속하는 이 물고기는 잠수함의 케이블을 갉아먹는 고약한 습성이 있다는 사실이 밝혀졌는데, 케이블에 보호 덮개를 사용하는 것만으로 문제를 간단히 해결할 수 있었다. 하지만 이 심술궂은 동물의 행동을 이해하기까지는 오랜 시간이 걸렸다.

검목상어(영어 cookie-cutter shark를 그대로 번역해 쿠키커터상어라고

검목상어(일명 쿠키커터상어)
Isistius brasiliensis

186

도 부른다)는 사실 생물 발광 상어로, 모든 상어 중에서 가장 밝은 빛을 낸다. 배 부분이 물속에서 빛을 내지만, 낮에는 아래에서 보더라도 그 빛을 알아채기 어렵다. 밤에는 환하게 빛이 나는 것을 볼 수 있다. 목 주위를 제외한 몸 아래쪽 전체에서 빛이 나며, 아래쪽에서 보면 물고기 실루엣처럼 보인다. 빛을 내는 목적이 무엇이냐고? 포식자를 유인하기 위한 것인데, 그것도 몸길이가 50cm나 되는 먹잇감을 삼킬 수 있는 대형 포식자가 그 대상이다. 돌고래, 다랑어, 거두고래가 다가오면, 검목상어는 '쿠키커터상어'라는 별명에 걸맞은 행동을 보이는데, 자신을 집어삼키려고 다가온 포식자에게 달려들어 살점을 물어뜯으면서 특유의 동그란 상처를 남긴다. '쿠키 커터'처럼 생긴 주둥이로 공격자의 살을 작은 메달 모양으로 뜯어낸 뒤, 상대가 채 반응하기도 전에 전리품을 챙겨 달아난다. 이렇게 검목상어는 작은 오징어와 물고기를 먹는 것에 싫증이 나면, 바다사자나 백상아리 또는 핵잠수함까지 공격해 그 살을 얇게 저며내 맛있게 먹어치운다!

지중해에서 다랑어를 낚는 어부들은 검목상어의 공격을 받아 상처를 입은 참다랑어를 종종 발견한다. 그런데 이러한 공격을 가하는 검목상어는 남대서양의 브라질 연안에만 서식한다. 검목상어의 나쁜 습성은 참다랑어의 생물학에 대해 새로운 사실을 밝히는 데 도움을 주었다. 참다랑어의 회유 경로가 가끔 적도를 횡단한다는 사실이 밝혀진 것은 검목상어 덕분이다.

빛에 몸을 숨기는 물고기

검목상어를 비롯해 많은 물고기는 오로지 배에서만 빛을 내는데, 이를 이용해 낮에 몸을 잘 숨길 수 있다. 아래에서 올려다보는 포식자의 눈에는 어른거리는 물고기의 몸이 햇빛과 섞여 잘 보이지 않기 때문이다. 몸이 밝게 빛난다고 해서 반드시 눈길을 끌지 않도록 조심스럽게 행동해야 하는 것은 아니며, 오히려 그 반대일 수도 있다.

매우 조심스러운 물고기 중 하나도 생물 발광 동물인데, 아주 깊은 곳에서 꼭꼭 숨어 살아가기 때문에 오랫동안 과학자들의 예리한 눈길을 피할 수 있었다. 아주 최근에 와서야 이 종이 세상에서 가장 풍부하게 존재하는 물고기라는 사실이 밝혀졌다.

정어리나 청어보다 더 풍부한 키클로토네cyclothone는 지구에서 개체수가 가장 많은 척추동물이기도 하다. 그 개체수는 수백조, 아니 어쩌면 수천조에 이르는 것으로 추정된다! 2010년대 이전까지만 해도 희귀 동물로 간주되었는데 말이다!

키클로토네는 사실 모두 13종이 존재하며, 전 세계 각지의 바다에 살고 있다. 키클로토네는 수면도 아니고 심해도 아닌 수심 약 300m 부근의 중층 원양대(수심 200~1000m의 해수대로, 박광층 또는 미광층이라고도 함)에서 살아가는데, 이곳은 영원한 황혼이 지속되는 것처럼 어스름한 빛만 어른거린다. 몸길이가 약 10cm인 키클로토네는 거대한 무리를 지어 몰려다닌다. 멀리서 보면 안초비(멸치의 한 종류)처럼 보이지만, 커다란 입에는 날카로운 이빨이 뾰족하게 돋아 있다.

키클로토네는 오랫동안 인간의 눈에 띄지 않고 살아왔기 때문에 자원으로 활용되는 불운을 피할 수 있었다. 적어도 당분간은 그렇다. 물론 산업계는 이미 키클로토네에 관심을 보이고 있다. 이토록 풍부한 단백질 공급원은 경제적 노다지에 해당한다. 따라서 이들을 보호하기 위해 필요한 조치를 취하는 것이 시급하다. 특히 이들은 지구 온난화에 맞서 싸우는 데 중요한 역할을 한다. 수많은 플랑크톤을 먹어치우면서 먹이 사슬에서 획득한 탄소를 배설물을 통해 심해로 내려보내는 1000조 마리의 물고기는 당연히 지구의 기후에 엄청난 영향을 미치게 마련이다.

어쨌든 세상에서 가장 풍부한 척추동물이 오랫동안 우리 눈에 띄지 않고 존재해왔다는 사실은 바다에는 여전히 꿈꿀 것이 많이 널려 있다는 증거이다. 바닷속 저 깊은 곳에 또 얼마나 많은 매혹적인 생물이 숨어 있을지 누가 알겠는가?

키클로토네 *Cyclothone spp.*

이 기묘한 물고기는 지구에서 가장 풍부한 척추동물이다.
약 1,000,000,000,000,000마리가 살고 있다.

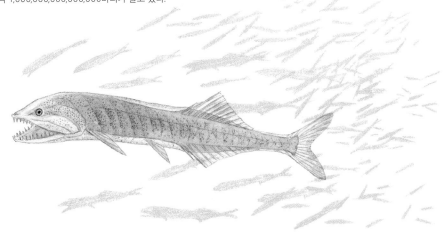

안초비
Engraulis encrasicolus

멸치

바닷속의 완벽한 거울

피자에 안초비가 들어가는 게 좋은가, 들어가지 않는 게 좋은
가? 나폴리 피자 표면에서는 안초비 필레가 쉽게 눈에 띄지만,
바닷속에서는 안초비가 눈에 잘 띄지 않는다. 이 작은 물고기는
주변의 배경에 섞이는 방법을 잘 알고 있는데…… 게다가 보이
지 않는 것을 보는 능력까지 있다!

멸치를 만나고 싶다면, 미리 충고하는데 결코 쉽지 않을 것이다.
물론 멸치는 모든 바다에 풍부하게 서식하는 동물이다. 하지만 멸치
는 몸을 숨기는 데 아주 능숙하다. 멀리서 보면 멸치 떼는 전혀 눈
에 띄지 않는다. 수천 마리의 멸치 떼가 주위를 둘러싸고 당신을 지
켜보더라도, 당신은 전혀 알아채지 못할 수도 있다.

따라서 이 동물을 관찰하고 싶다면, 좀 더 확실한 방법을 사용하
는 게 좋다. 바다에서 나와 해변의 음식점으로 가 피자를 주문하라.
우리가 멸치에게 갈 수 없다면, 멸치가 우리에게 오게 하면 된다!
바로 저기에 멸치가 있다. 토마토 페이스트 위에 불가사리의 팔처럼
뻗어 있는 안초비 필레는 바닷물보다 더 짠 음식을 예고한다. 물속

에 있을 때보다는 상태가 좋지 않지만, 적어도 여기서는 그들을 볼 수 있다.

접시를 자세히 들여다보면, 일부 필레에 은빛 조각이 여기저기 남아 아주 밝게 반짝이는 것을 볼 수 있다. 멸치를 관찰하기가 그토록 어려운 비밀이 바로 여기에 있다. 이것들은 멸치의 투명 망토에서 떨어져나온 조각들이다.

거울, 나의 아름다운 거울

피자 위에 올려진 안초비는 이 방법이 실패했겠지만, 대부분의 경우에 이 투명 망토는 포식자를 효과적으로 피하게 해준다. 투명한 비늘 바로 아래에 얇은 은빛 층이 멸치의 온몸을 뒤덮으면서 반짝이는 피부를 이루고 있다. 이 투명 망토는 멸치만의 전유물이 아니다. 정어리와 스프랫sprat(청어속의 작은 물고기), 청어를 비롯해 은빛이 나는 작은 물고기들도 갖고 있다. 투명 망토 덕분에 이들은 주변 바다의 색을 똑같이 띠면서 바다의 파란색에 묻혀 사라지기 때문에 '파란 물고기'라는 별명이 붙었다. 이들은 바다의 파란색을 띠지만, 만약 바다가 초록색이라면 초록 물고기라는 별명으로 불릴 것이다. 이들의 몸은 실제로 파란색이 아니라, 단지 주변의 색을 반사해 그렇게 보일 뿐이기 때문이다.

멸치의 투명 망토는 완벽한 거울이다. 만약 욕실의 거울을 바라보듯이 멸치의 은빛 층을 바라본다면, 자신의 얼굴이 완벽하게 반사된 모습을 볼 수 있다. 심지어 거울 장인이 만든 최고의 거울보다 훨씬 훌륭한 거울처럼 보일 것이다.

멸치는 이런 식으로 거울처럼 주변 세상을 반사해 자신의 피부에 그대로 담는데, 그럼으로써 주변 환경에 섞여 들어가 자신의 모습을 사라지게 한다. 하지만 주의할 점이 있다. 이 마술은 완벽하게 해내야 한다. 단 한 줄기의 빛도 옆으로 비켜 가거나 그냥 통과하는 일이 일어나서는 안 된다!

빛의 비밀

타이밍을 잘못 맞춘 빛은 멸치에게 비극을 가져다줄 수 있다. 소금이나 토마토 소스 없이도 멸치를 무척 좋아하는 다랑어와 청새치, 고래에게 멸치의 위치를 노출하기 때문이다. 이런 사고를 피하려면 어떻게 해야 할까? 그리고 멸치가 최고의 거울인 이유는 무엇일까? 그것은 단순히 반사가 일어나는 근본 원인, 즉 빛의 기본적인 성질을 활용하기 때문이다.

모든 빛의 파동(광파)은 고유의 색과 세기를 지니고 있을 뿐만 아니라, 눈에 보이지 않는 편광이라는 속성도 지니고 있다. 이 속성은 상상하기가 쉽지 않은데, 빛의 색이나 세기와 달리 우리 눈은 편광을 감지하지 못하기 때문이다. 이 사실은 이미 177쪽에서 언급했는데, 거기서는 갯가재가 그 의미를 이해하는 데 도움을 주었다.

물리적으로 편광은, 광파를 이루는 전자기장이 나아가면서 진동하는 평면의 방향에 해당한다. 이것은 다소 추상적으로 들리지만, 모든 빛은 전자기적 성질과 연관된 일종의 고유한 방향성이 있다.

편광을 직접 볼 수는 없더라도, 일상생활 속에서 그 효과가 나타나는 것을 아주 분명하게 볼 수 있다. 광선이 물체에 닿으면, 그 전자기장이 물체를 이루는 물질의 전하를 진동하게 만드는데, 이 과정을 통해 반사된 빛이 나오게 된다. 하지만 금속이 아닌 물체의 경우에는 그 전하를 진동하게 만들기가 어려우며, 특정 편광을 가진 광파만이 반사될 수 있다. 편광은 한 가지 방향성을 가지기 때문에 입사하는 광선의 각도도 아주 중요하다.

따라서 모두가 알다시피 유리창이나 윤이 나는 테이블, 물, 플라스틱 조각에 빛을 비출 때, 입사 각도에 따라 반사가 일어나는 영역과 일어나지 않는 영역이 있고, 더 밝은 영역과 덜 밝은 영역이 있다. 이 현상은 모든 비금속 물질에서 나타나며, 따라서 멸치가 '거울'을 만드는 데 사용할 수 있는 모든 재료에서도 나타난다.

이렇게 반사가 많이 일어나는 영역과 적게 일어나는 영역이 교대로 나타나는 것은 무엇보다도 멸치가 피하고 싶은 상황이다. 멸치의 생존은 자신의 거울이 서로 다른 편광을 가진 광선들과 입사각과 편광에 상관없이 모든 광선을 똑같은 방식으로 반사하는 데 달려 있다. 모든 빛을 똑같은 방식으로 다루는 것은 멸치에게는 훌륭한 '평등주의' 계획이지만…… 물리학자에게는 매우 어려운 도전 과제이다.

마법의 은

일반적인 재료를 사용하면 늘 '유리 반사' 현상이 나타나, 광선의 편광에 따라 반사가 더 일어나거나 덜 일어난다는 점이 멸치가 극복해야 할 어려움이다. 이 문제를 피하려면 금속이 필요하지만, 멸치에게는 금속이 없다. 하지만 멸치는 우아한 해결책을 찾아냈다.

멸치의 은빛 층에는 반사성이 뛰어난 작은 구아닌 결정이 여기저기 많이 박혀 있는데, 각각의 결정은 작은 거울 역할을 한다. 멸치는 구아닌 결정을 서로 완전히 반대되는 광학적 특성을 가진 두 형태로 만드는 능력이 있다. 어떤 광선이 한 종류의 결정에 잘 반사될 때 다른 종류의 결정에는 전혀 반사되지 않는데, 그 반대의 경우도 마찬가지다. 그 결과로 빛은 진행 방향과 편광에 관계없이 자신을 잘 반사하는 결정과 잘 반사하지 못하는 결정을 대략 같은 수만큼 만나게 되며, 따라서 평균적으로 빛은 항상 똑같이 반사된다. 이렇게 하여 멸치는 모든 각도에서 빛을 균일하게 반사하는 반사체로 자신의 몸을 뒤덮을 수 있다. 즉, 자신의 몸을 보이지 않게 만들 수 있다. 해리포터는 투명 망토로 자신의 몸을 숨기는데, 그 투명 망토는 멸치가 발명한 것이다.

이렇게 광학적 성질이 정반대인 두 결정을 조합해 완벽한 거울을 만드는 방법은 공학자들에게 매우 유망한 가능성을 제시한다. 광섬유, 반사경, 야간 반사 장치, 망원경을 비롯해 멸치의 피부에서 얻은 영감을 활용할 만한 장비가 아주 많다!

더 일반적으로, 결정을 사용해 편광에 따라 특정 광선을 차단하거나 반사하는 원리는 우리가 일상적으로 접하는 많은 응용 기술의 기반을 이루고 있다. 휴대전화와 시계의 액정 화면은 물론이고 3D 영화관의 안경에도 이 원리가 응용되고 있다.

안경을 쓴 물고기

멸치는 포식자에게 잡아먹히는 것을 피하기 위해서뿐만 아니라, 좋아하는 먹이를 잘 발견하기 위해서도 편광 현상을 이용한다.

물가에서 편광 안경을 써본 적이 있다면, 이것을 경험했을 것이다. 특정 편광을 가진 광선을 차단하는 편광 렌즈가 물에 반사된 빛을 대부분 제거하기 때문에, 갑자기 앞이 훨씬 더 선명하게 보인다. 많은 물고기의 안막은 편광 안경 역할을 하는 것으로 추정된다. 예를 들면, 숭어의 눈을 덮고 있는 두껍고 투명한 살갗이 이러한 역할을 하는 것으로 추정된다.

멸치의 눈은 이보다 더 뛰어난데, 빛의 편광을 직접 감지한다. (우리 눈앞에서 집게발을 찰칵대는 갯가재를 포함해) 많은 무척추동물은 편광을 '보는' 능력이 있지만, 척추동물 중에서 그 능력이 확인된 것은 멸치가 유일하다. 망막의 특정 원뿔세포들 앞에서 투명한 박막층이 미니 편광 안경처럼 작용하면서 특정 각도로 편광된 빛만 통과시킨다. 그러면 이 원뿔세포들이 특정 편광을 가진 광선만 감지하므로, 멸치는 색을 보는 것과 같은 방식으로 편광을 '볼' 수 있다. 이 특성이 어떻게 멸치의 시각 감각을 더 높이고 세상의 모습을 더 풍요롭게 보이게 하는지는 상상하기 어렵지만, 멸치가 보는 빛은 우리가 보는 것보다 훨씬 아름답고 다양하리란 것은 의심의 여지가 없다.

어쨌든 편광을 감지하는 능력은 맛있는 식사를 즐길 수 있는 한 가지 방법이다. 많은 플랑크톤은 포식자의 눈에 띄지 않기 위해 몸을 투명하게 만드는 방법에 의존한다. 이들의 몸은 색을 띠지 않고 그 표면에 주변 배경이 반사되므로 주변 배경과 잘 섞인다. 하지만 빛이 이들을 통과할 때 편광이 일어나고…… 그러면 멸치의 눈에 띄게 된다. 해파리나 작은 유형류는 자신이 보이지 않을 거라고 생각하겠지만, 그것은 착각이다. 훨씬 더 투명한 물고기가 어느 틈에 다가와 이들을 꿀꺽 삼킨다. 심지어 피자 위에 올려놓지도 않고서 말이다.

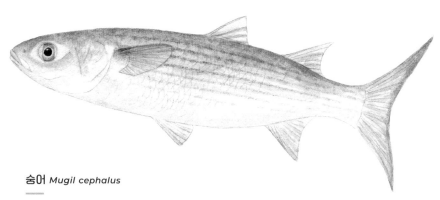

숭어 *Mugil cephalus*

숭어의 눈을 덮고 있는 지방질 안막은 편광 안경
역할을 하는 것으로 추정된다.

먹이 사슬

고성능 안경뿐만 아니라 커다란 아가리까지 갖춘 멸치는 효율적인
포식자이다. 멸치는 먹이인 플랑크톤에서 많은 에너지를 얻어 대량
으로 번식할 수 있다. 그리고 멸치 자신은 많은 포식자의 먹이가 된
다. 멸치는 따뜻한 바다의 크릴이라고 부를 만큼 풍부한 바다의 식
량이다. 고래, 다랑어, 바닷새, 돌고래, 고등어를 비롯해 많은 동물이
멸치를 잡아먹는다. 호모 사피엔스도 마찬가지이다. 피자 위에 가끔
올라가는 필레로만 소비된다면, 이것은 큰 문제가 되지 않는다. 그

안초비 *Engraulis encrasicolus*

멸치는 벙어리처럼 생긴 겉모습과 달리 아주 큰 아
가리를 가지고 있다. 과도하게 큰 아가리 때문에
일단 표적이 된 플랑크톤은 빠져나갈 길이 없다.

러나 상업적 수산업자들은 멸치의 막대한 생물량에 주목해 멸치 떼를 남획하기 시작했다(특히 칠레 인근에서). 지금은 연간 약 600만 톤의 멸치를 남획하고 있으며, 그 과정에서 마치 바다의 진공청소기처럼 멸치의 포식자인 앨버트로스와 해양 포유류까지 무차별적으로 학살하고 있다.

그 목적은? 멸치의 단백질을 동물 사료로, 특히 양식 연어의 사료로 쓰기 위해서이다.

멸치를 양식 물고기를 살찌우는 사료로 사용하는 대신에 우리가 직접 멸치를 먹는다면, 멸치를 훨씬 덜 잡아도 되고, 나머지 바다 동물에 미치는 영향도 크게 줄어들 것이다. 우리는 먹이 사슬에서 우리의 위치를 선택할 수 있는 유리한 처지에 있으니, 이를 최대한 활용하도록 노력하자!

6부

온갖 종류의 색

다양한 패턴과 색조

바다 동물들은 반짝이는 화려한 색의 디자인 의상을 입고 있다. 그들이 준비한 이 화려한 쇼의 무대 뒤편에는 과연 무엇이 있을까?

문어가 우리를 자신의 미술 작업실로 초대해 색채 창조의 비법을 알려줄 것이다. 문어의 팔레트는 잘라낸 빛과 픽셀과 자외선으로 이루어져 있다.

하지만 바다 세계의 미술 작품은 단순한 장식이 아니다. 원주민의 그림이 선과 점선을 통해 이야기를 전달하는 것처럼, 물고기와 어패류의 패턴에는 오랫동안 철학자와 수학자도 풀지 못한 심오한 의미, 즉 법칙이 암호화되어 있다.

예를 들면, 에인절피시 피부에는 모든 생명 형태의 열쇠인 눈알 무늬가 있고, 나사조개나 조개는 껍데기 위에 생명과…… 컴퓨터과학의 비밀을 담은 문양을 끝없이 그려낸다!

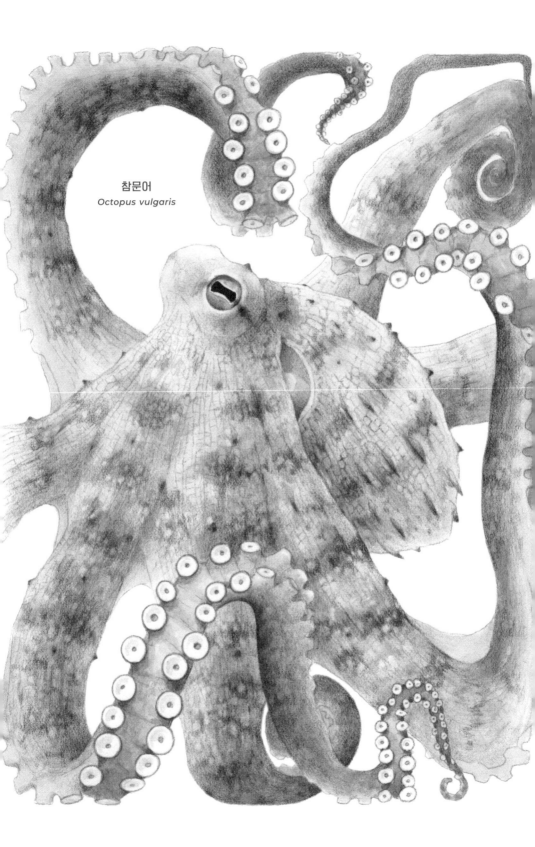

참문어
Octopus vulgaris

수채화 물감

문어 화가의 팔레트

우리의 탐구를 계속하기 전에 잠시 시간을 내 이 책에 실린 그림들을 감상해보라. 220여 종에 이르는 바다 동물의 섬세한 색을 재현하기 위해 수백 가지 색조가 사용되었다. 하지만 이 그림을 물고기에게 보여준다면, 어떤 물고기라도 매우 따분하게 여길 것이다.

바다 동물은 색에 대한 경험이 우리보다 훨씬 풍부하다. 이들은 아주 작은 수채화 팔레트의 화학 안료에도 접근할 수 없지만, 자신의 피부를 훨씬 섬세한 색채로 장식할 줄 안다. 이들은 어떻게 바다를 다채로운 색채의 걸작으로 만들까?

이 수수께끼를 풀기 위해 최고의 수중 화가 중 하나인 문어를 만나러 가보자.

피부에 그린 그림

참문어*Octopus vulgaris*는 놀라운 화가이다. 하지만 문어는 갤러리에 자신의 작품을 전시하는 화가는 아니다. 문어는 그림을 오로지 자신의 피부 위에만 그린다. 문어는 아주 얇은 피부층 위에 그림을 그릴 때, 수중 세계 동물들이 자신의 몸을 색으로 치장할 때 사용하는 기법을 거의 다 사용한다. 잠수부들이 잘 알고 있듯이, 문어는 방대한 팔레트로 자신의 감정을 자유롭게 표현할 수 있다.

문어는 화가 나면 진홍색이나 검은색으로 몸을 장식하고, 두려움을 느끼면 창백한 파스텔 색조로 화장을 하며, 사랑에 빠지면 우아한 물방울무늬로 꽃밭처럼 장식한다. 내키면 피부를 접어 돋을새김 형태로 만들 수 있는데, 각각의 주름을 원하는 색조로 장식할 수 있다.

두족류인 문어는 카멜레온처럼 주변 세계를 모방할 수 있어 배경에 녹아들거나 바다뱀 모양으로 변신해 포식자를 겁주기도 한다! 가장 인상적인 모습은 잠잘 때 나타나는데, 문어의 몸 색깔이 끊임없이 빠르게 바뀐다. 필시 꿈속에서 펼쳐지는 모험의 양상에 따라 몸 색깔도 변할 것이다.

픽셀 같은 문어의 색소세포

문어의 색은 순식간에 변하면서 화면처럼 획획 변하는 패턴을 만들어낸다. 이것은 문어의 색 변화가 픽셀(화소畫素)과 같은 원리로 일어나기 때문이다. 문어 피부는 뇌가 직접 통제하는 수많은 색소세포로 뒤덮여 있는데, 뇌는 근섬유를 통해 색소세포를 팽창시키거나 축소

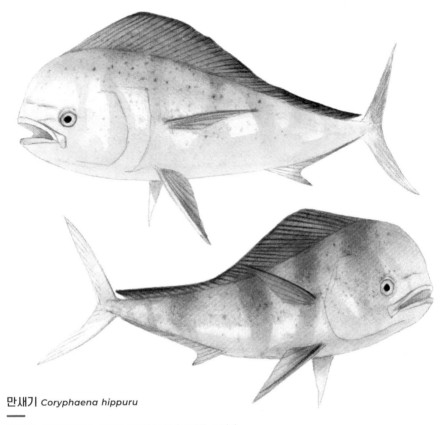

만새기 *Coryphaena hippuru*

만새기는 기분에 따라 눈 깜짝할 사이에 몸 색깔을 바꿀 수 있다.
이 때문에 세네갈에서는 만새기를 카카타르kakatar라고 부르는
데, 이는 월로프어로 '카멜레온'이란 뜻이다.

시킬 수 있다. 특정 색조의 색소세포만 팽창시키고 다른 색소세포들
은 축소시킴으로써 특정 색을 나타낼 수 있다. 문어가 화가라면 점
묘파로 분류할 수 있다.

색소세포는 문어만의 전유물이 아니다. 문어 외에 많은 바다 동
물 종이 색소세포를 갖고 있어 원할 때마다 몸 색깔을 바꿀 수 있
다. 물고기의 경우에는 색소세포가 호르몬을 통해 조절되기 때문에,

색소세포의 변화는 자동적으로 그리고 직접적으로 감정과 연결된다. 그 결과는 문어의 변신에 비해 손색이 없다. 예를 들면, 만새기는 날치 떼를 보기만 해도 식욕에 자극을 받아 순식간에 주황색에서 전청색으로 변한다.

문어나 물고기의 피부를 뒤덮고 있는 색소세포를 보고 싶다면 돋보기만 준비하면 된다. 색소세포는 색을 띤 작은 반점처럼 보인다. 빨간색, 노란색, 검은색 등 색소세포들을 볼 수 있을 것이다. 하지만 아무리 열심히 관찰하더라도, 파란색 색소세포는 눈에 띄지 않을 것

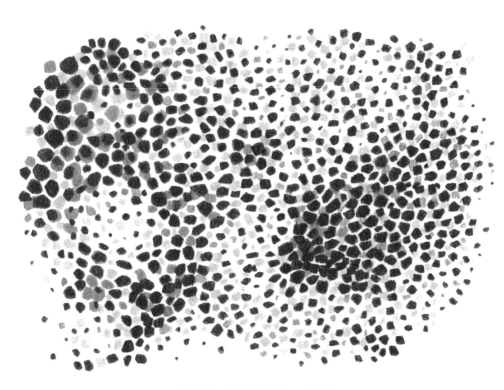

문어의 피부를 뒤덮고 있는 색소세포

이다. 지금까지 파란색 색소세포는 두 종의 만다린피시에서만 발견되었다. 그 외에는 파란색 피부를 가진 물고기는 존재하지 않는다.

하지만 전 세계 어느 바다에서건 물안경을 쓰고 잠수하면, 청록색이나 하늘색 물고기를 수많이 볼 수 있다. 심지어 문어조차도 그런 색을 띨 수 있다. 이 동물들은 몸 색깔이 실제로는 파란색이 아닌데도 어떻게 파란색 계열의 색으로 보일까?

파란색의 비용

생물 세계에서 파란색은 만들기 가장 비싼 안료이다. 그 원인은 안료의 구조 자체에 있다. 사실, 어떤 분자가 우리 눈에 특정 색을 띤 것으로 보이려면, 그 색에 해당하는 특정 진동수의 빛만 반사하고 나머지 진동수의 빛들을 흡수해야 한다.

안료 분자는 원자들이 목걸이에 꿰인 진주들처럼 이어진 사슬 구조를 하고 있다. 원자들이 빛 에너지를 흡수하면, 빛 에너지는 전체 사슬을 진동하게 만든다.

진주 목걸이 한쪽 끝을 손에 쥐고 흔들어보라. 목걸이 전체를 진동시키려면 짧은 목걸이일수록 더 세게, 즉 더 큰 진동수로 흔들어야 한다는 사실을 알 수 있다. 안료 분자에도 똑같은 원리가 적용된다. 짧은 분자 사슬은 파란색처럼 진동수가 큰 빛을 쬐어주어야만 진동한다. 그 안료 분자는 파란색을 흡수해 빨간색으로 보일 것이다. 반대로 안료 분자가 빨간색 빛을 흡수해 파란색으로 보이려면,

분자 사슬이 아주 길어야 한다.

생물이 긴 분자 사슬을 만들려면 에너지 측면에서 큰 비용을 치러야 하고, 그렇게 해서 만든 '목걸이'는 훨씬 취약하다. 자연계에서 파란색을 만들어내는 데에는 많은 비용이 드는데, 그것은 짙은 파란색을 즐겨 사용한 이브 클라인Yves Klein의 그림보다 훨씬 비싸다. 사치스러운 만다린피시를 제외하고는 동물들이 파란색 안료를 만들지 않는 이유는 이 때문이다. 대신에 이들은 그토록 탐나는 색을 내기 위해 화학이 아닌 다른 방법을 발견했는데, 그것은 바로 물리학을 이용하는 것이다. 그들은 이를 위해 빛 자체를 자르는 방법을 발견했다.

파란색으로 보이는 비밀

햇빛 같은 백색광에는 무지개 색처럼 모든 색의 빛이 섞여 있는데, 물고기들은 그것을 조각조각 자른 뒤에 다시 적절히 이어붙여 파란색 파장의 빛만을 선택하는 방법을 발견했다. 이 목적을 위해 아주 특별한 종류의 색소세포를 사용하는데, 이를 홍색소포虹色素胞라고 부른다. 홍색소포는 완전히 투명하지만, 물고기가 선택한 색을 나타내도록 해준다. 특히 소중한 파란색을 나타내게 해준다.

홍색소포에는 작고 투명한 결정들이 있어서, 이것들이 빛의 간섭 현상을 만들어낸다. 그 원리는 아주 간단하다. 광선이 각각의 결정을 지나갈 때마다 둘로 갈라진다. 한 갈래는 굴절이 일어나고, 다른 갈래는 그대로 결정을 통과해 다음번 결정으로 나아간다. 홍색소포는 연속적인 결정 층들을 세심하게 배열함으로써 두 갈래의 광선을 다시 만나게 한다. 하지만 두 갈래의 광선은 동일한 경로를 지나온 것이 아니어서, 더 이상 같은 보조로 진동하지 않는다. 한 갈래는 속도가 느려져서 다른 갈래에 비해 더 느리게 진동한다. 두 광선은 오케스트라에서 동일한 곡을 동일한 템포로 연주하지만 보조가 맞지 않는 두 연주자와 같다.

이렇게 한 사람이 다른 사람보다 뒤늦게 연주하는 두 연주자의 음악을 들으면, 그것은 어떻게 들릴까? 일반적으로 늦어진 정도가 원래 템포보다 더 짧다면, 전체 음악에는 그다지 큰 영향을 미치지 않고 그저 박자가 약간 어긋난 음악으로 들릴 것이다. 하지만 늦어진 정도가 원래 템포보다 더 길다면, 두 연주자의 음악은 전혀 박자가 맞지 않아 완전한 불협화음으로 들릴 것이다. 연주는 완전히 망하고 말 것이다. 다만 한 가지 예외가 있다. 두 연주자의 속도 차이가 정확하게 템포의 배수만큼 차이가 나는 경우이다. 이 경우에 두 연주자의 음악은 '카논canon(한 성부가 주제를 시작한 뒤 다른 성부에서 그 주제를 똑같이 모방하면서 화성 진행을 맞추어 나가는 대위적인 악곡 형식—옮긴이)'의 형식을 띠게 된다. 두 사람은 같은 음악을 함께 연주하지만, 단지 동일한 소절을 연주하지 않을 뿐이다. 프랑스 사람들은 어린 시절에 〈신선한 바람Vent frais〉나 〈머나먼 숲에서Dans la forêt lointaine〉와 같은 노래를 이런 방식으로 불러본 적이 있을 것이다.

우리의 두 광선에도 똑같은 일이 일어난다. '템포'는 빛의 진동수(따라서 색)에 해당하는 반면, 지연 시간은 빛이 통과하는 결정 층의 두께와 굴절률에 따라 결정된다.

어떤 색들의 경우, 광선들이 함께 박자를 맞춰 연주를 하지 않아 '불협화'가 발생하고, 그로 인해 최종적인 빛의 세기가 상쇄되는 결과가 나타난다. 이것을 상쇄 간섭이 일어났다고 이야기하는데, 그 결과로 이에 해당하는 색들이 사라지게 된다. 하지만 홍색소포 결정층의 두께에 따라 결정되는 특정 색의 경우에는 광선들이 '카논'을 연주하듯이 행동한다. 즉, 서로를 보강하는 보강 간섭이 일어나 그 결과로 홍색소포에 아주 밝고 순수한 색이 나타나게 된다!

이 미묘한 간섭 현상은 극도로 얇은 층에서만 일어난다. 사실, 일정 두께를 넘어서면 두 광선 사이의 지연 시간이 광파의 수명을 넘어서게 된다. 다시 말해서, 두 연주자의 음악이 너무 많이 어긋나 더 이상 같은 곡으로 들리지 않고, 카논이 연주될 가능성이 전혀 없다. 그래서 창문 유리처럼 너무 두꺼운 물체에서는 빛의 간섭 현상을 관찰할 수 없다. 반면에 비눗방울 표면에서는 이런 현상을 일상적으로 볼 수 있다. 비눗방울이 여러 가지 색으로 영롱하게 반짝이는 것은 이 현상 때문이다.

다시 우리 물고기들에게 돌아가보자. 간섭의 달인인 바다 동물들은 빛을 교묘하게 절단해 파란색 색조들을 '카논으로 연주'되게 하고, 다른 색들을 사라지게 한다. 그래서 파란색 안료가 전혀 없는데도, 단지 작고 투명한 결정들만으로 남양쥐돔은 눈부시게 파란 광채를 발하고, 다랑어는 먹잇감을 눈부시게 만들 만큼 파란 줄무늬를 자랑한다. 우리의 친구인 문어는 여기서 한발 더 나아간다. 문어는 색소세포 아래에 홍색소포가 배치돼 있다. 그 덕분에 색소세포가 광 필터 기능을 하면서 문어는 훨씬 적은 노력으로 광범위한 색들의 조합을 만들어낼 수 있다.

흰색보다 더 하얀!

안료 없이 투명한 물체를 이용해 빛을 조작함으로써 얻는 이러한 색들은 해양 세계에서 흔히 볼 수 있다. 물리학자들은 이런 색을 구조색(일부 동물과 식물에서 색소 대신에 미세하게 구조화된 표면으로 가시광선에 간섭 현상을 일으켜 만들어내는 색—옮긴이)이라고 부른다. 그런데 바다 동물들은 단지 여러 가지 색을 얻는 데에만 그치지 않는다. 필적할 자가 없을 정도로 뛰어난 광학 전문가인 이들은 완벽하고 순수한 흰색 색조를 얻는 방법도 알고 있다. 갑오징어와 문어의 배가 순백색이라는 사실을 알고 있는가?

이번에 두족류 화가는 빛의 또 다른 특성인 산란을 이용한다. 이를 위해 백색소포라는 특별한 종류의 세포를 사용하는데, 백색소포는 수많은 결정으로 뒤덮여 있다. 이 결정들은 빛을 모든 방향으로 반사한다. 무지개를 이루는 모든 색의 빛이 무작위로 사방으로 반사된다. 이 빛들이 혼합된 결과로 완벽한 백색으로 보이게 된다.

지금까지 이야기한 것은 인간의 눈에 보이는 색들(가시광선의 색들)이었지만, 이것은 바다 동물들이 지각하는 전체 색 중 일부에 불과하다. 대다수 물고기는 우리가 보지 못하는 색도 감지하는데, 예컨대 가시광선보다 더 큰 진동수를 가져 "파란색보다 더 파란" 자외선을 볼 수 있다. 우리의 눈에 생기가 없거나 균일해 보이는 풍경도 이들의 눈에는 얼룩덜룩하고 화려하게 반짝이는 것으로 보일 수 있다.

지도복어
Arothron mappa

파랑쥐치
Balistoides conspicillum

흥해세일핀탱(노랑양쥐돔의 한 종류)
Zebrasoma desjardinii

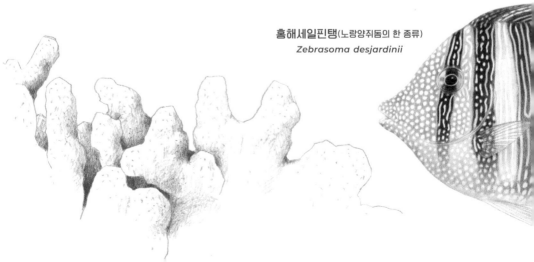

다채로운 색을 지닌 물고기

줄무늬의 모험

열대어가 지닌 복잡한 무늬의 다양성은 아주 단순한 수학 법칙에서 비롯한다. 이 법칙은 생물계의 아름다움 중 상당 부분을 설명할 수 있다!

수중 패션 쇼

산호초에서 헤엄을 치다 보면 세상에서 매우 화려한 장관 중 하나를 볼 수 있다. 상상을 초월할 만큼 화려한 수중 의상 쇼가 눈앞에 펼쳐진다. 물방울무늬, 줄무늬, 얼룩무늬를 비롯해 이 다양한 의상은 세상의 모든 최고급 패션 쇼를 무색하게 만든다.

　하지만 이 화려한 의상들은 결코 단순한 장식물에 불과한 게 아니다. 각각의 모티프는 그 주인의 일상생활에서 특정 역할을 수행한다. 포식자에게 겁을 주기 위한 눈알 무늬, 자신의 시선을 가리기 위한 줄무늬 가면, 이성을 유혹하기 위한 화려한 장식, 무리 속에 몸을 숨기에 편리한 균일한 패턴, 심지어는 지배적인 수컷을 속이고 몰래 암컷과 짝짓기를 하기 위해 암컷처럼 변장하기 등 수중 세계의 패션 쇼는 아주 다양하게 펼쳐진다. 이러한 선과 줄무늬와 반점을 해독할 수 있는 사람은 물고기 피부에서 생태계의 복잡성과 물고기들 간 상호 작용의 복잡성을 볼 수 있다.

하지만 여기에는 훨씬 흥미로운 비밀이 숨어 있다. 생명의 메커니즘을 깊이 파고들면, 겉보기에 복잡다단해 보이는 이 모든 패턴은 사실은 동일한 기원에서 유래했다는 사실을 발견하게 된다. 줄무늬, 고리, 반점을 비롯해 모든 패턴은 자연의 동일한 기본 현상에서 비롯된 것이다. 이것은 아주 단순한 현상이지만, 가장 복잡하고 아름다운 온갖 형태를 낳는다. 이것은 우리가 알아채지 못하게 우리의 삶 곳곳에 숨어 있는 현상이다. 물리학자들은 이 현상을 '반응 확산'이라고 부른다. 친숙하면서도 숨어 있는 이 생명의 규칙을 이해하려면 캐나다의 눈밭을 찾아갈 필요가 있다.

모피 사냥꾼의 이야기에 주목한 수학자

1952년, 정보과학의 창시자 중 한 명인 영국 수학자 앨런 튜링Alan Turing은 생물계에 대해 깊이 생각했다. 그는 자연에서 관찰되는 패턴이 나타나는 현상을 과학으로 설명하는 방법을 찾으려고 했다. 이를 위해 독창적인 개념을 떠올렸는데, 동물 피부에 색을 나타나게 하는 색소세포들이 포식자와 먹잇감처럼 행동하면서 일부 세포들이 다른 세포들을 끊임없이 잡아먹으려 한다고 상상했다.

휴런족Huron 사람들은 캐나다 숲에서는 해[年]가 바뀌며 세월이 계속 이어지지만, 모든 해가 똑같지는 않다고 말한다. 스라소니가 많은 해가 계속되다가 시간이 지나면 토끼가 많은 해가 이어진다. 포식자가 줄어들면 피식자가 크게 불어난다. 그러다가 피식자가 풍부해지면, 포식자 수가 조금씩 늘어나기 시작한다. 스라소니가 불어나면서 토끼를 많이 잡아먹음에 따라 다시 피식자 수가 줄어든다. 이 영원한 주기는 아득한 옛날부터 매년 계속 이어져왔다. 시간이 지나면서 동물 개체군들의 서식지가 이동함에 따라 토끼가 주로 사는 지역과 스라소니가 주로 사는 지역도 이동하는데, 여기에는 어떤 패턴이 나타난다! 튜링은 이 개념에서 영감을 얻었다. 혹시 동물 피부의 색들도 허드슨만의 스라소니와 토끼처럼 행동하는 것은 아닐까?

동물이 성장함에 따라 피부에 나타나고 퍼져가는 색들은 무자비한 포식 행위에 관여하는 것으로 보인다. 포식자 색은 피식자 색을 잡아먹고, 피식자 색은 포식자 색의 먹이가 되면서 생태계에서처럼 서로 다른 색들 사이에 균형이 이루어진다. 그리고 이 다양한 색들은 동물 피부 위에 특정 패턴으로 분포된다. '피식자' 색들이 평화롭게 번성하는 작은 섬들, '포식자' 색들이 풍부한 지역들, 그리고 둘 사이의 경계선 등이 나타난다. 이렇게 해서 줄무늬, 눈알 무늬, 반점 등의 패턴이 생겨난다.

튜링은 동물 피부에서 이런 메커니즘이 작동한다고 예측했다. 그는 동물 피부에는 피식자와 포식자 역할을 하는 색상 요소들이 있으며, 이들 간의 상호작용이 얼룩말의 줄무늬, 표범의 얼룩무늬를 비롯해 동물계에 넘쳐나는 다양한 패턴을 만들어낸다고 상정했다.

이것은 어디까지나 가설에 지나지 않았다. 하지만 튜링은 그것이 옳다고 굳게 믿었다. 튜링은 색들이 피식자와 포식자처럼 상호 작용하면서 이 모든 패턴을 만들어낼 수 있다고 믿었다. 사실, 이 위대한 수학자가 창시한 정보과학은 수십 년 뒤에 이 가설을 입증했다. 컴퓨터를 사용해 튜링이 상상한 현상을 시뮬레이션해 보았다. 이 계에서 작용하는 매개변수들―'포식자들'의 식성, '피식자들'의 생식 능력, 동물 피부의 크기―을 파악해 입력하기만 하면 되었다. 그러자 컴퓨터가 계산을 통해 어떤 패턴이 나오는지 결과를 보여주었다. 놀라운 결과가 나왔는데, 매개변수들의 값에 따라 반점, 줄무늬, 눈알 무늬, 그물 무늬 등이 화면에 나타났다. 요컨대, 동물계에서 볼 수 있는 모든 패턴이 나타나 국제 과학계를 충격에 빠뜨렸다.

색의 암호를 해독하다

튜링은 피식자와 포식자 역할을 하는 색소가 정말로 피부에 존재하는지 알지 못했다. 다만 포식 행위의 시간적 측면과 확산의 공간적 측면을 합치면, 단순히 동일한 모형의 매개변수들을 변화시킴으로써 모든 종류의 형태와 패턴(체크무늬, 물방울무늬, 줄무늬 등등)을 빚어내는 색들의 분포를 수학적으로 나타내는 것이 가능하다고 직관적으로 파악했다. 하지만 안타깝게도 튜링은 자신의 이론이 증명되는 것을 보지 못했다. 튜링은 동성애자였는데, 그 당시에 영국에서는 동성애가 불법이었고 동성애를 엄하게 처벌했다. 제2차 세계 대전의 영웅(그는 난공불락의 암호로 불리던 독일군의 에니그마 암호를 해독하는 데 결정적 공을 세웠다)이었는데도 불구하고, 튜링은 유죄 판결을 받고 가혹한 화학적 거세를 당했다. 튜링은 정신이 이상해졌고, 2년 뒤인 1954년에 사이안화칼륨 중독으로 사망했다(자살했다고 알려졌지만 확실치는 않다). 형형색색의 물고기들은 각자 나름의 방식으로 화려한 무늬를 뽐내면서 비극적인 운명을 맞이한 이 영웅을 기린다.

우리의 물고기들은 어떻게 되었을까? 이제 우리는 물고기 피부에서 튜링이 50년도 더 전에 그 존재를 예측했던 피식자 색과 포식자 색을 확인하고 있다. 모든 것은 앞 장에서 소개했던 물고기 피부의 진정한 픽셀인 색소세포 단계에서 일어난다. 색소세포들은 서로 간에 토끼와 스라소니 같은 관계를 형성하는데, 어떤 색소세포는 다른 색소세포의 생산을 활성화하거나 억제할 수 있다. 그리고 이 색소세포들은 튜링의 모형처럼 물고기 피부 위에서 다양한 속도로 확산한다.

크기 문제

이제 튜링의 모형을 사용해 어떤 물고기에게서 왜 다른 패턴이 아닌 특정 패턴이 나타나는지 이해할 수 있다. 피부에서 색이 확산되는 한계는 동물의 크기와 형태에 따라 결정된다. 그래서 작은 물고기의 경우, '피식자' 색을 띤 점은 일정 기간 몸 전체로 퍼져나가다가 마침내 '포식자' 색의 견제를 받아 멈춰서게 된다. 따라서 물고기 몸 둘레에 고리 모양을 형성하게 되는데, 그러한 패턴이 많으면 줄무늬 패턴으로 나타나게 된다.

더 큰 물고기의 경우, 점은 몸 전체로 퍼져나갈 여유가 없다. 얼마 가지 않아 사방이 포식자 색으로 포위되고 만다. 그 균형은 피식자 색의 섬이 포식자 색의 바다로 둘러싸인 형태로 나타난다. 다시 말해서, 반점 무늬가 나타나는 것이다. 물고기의 물방울무늬는 이렇게 해서 생겨난다. 온몸이 반점으로 뒤덮인 치타의 경우도 마찬가지인데, 다만 꼬리에는 반점이 없다. 꼬리는 너무 가늘어서 물방울무늬가 나타나지 못하고 대신에 줄무늬가 나타난다.

자라면서 모습이 완전히 달라지는 물고기

얼룩말이나 치타를 포함해 많은 동물의 경우, 패턴을 만들어내는 반응 확산 현상은 태아가 발달하는 그 순간에 일어나는 것으로 보인다. 이렇게 생겨난 패턴은 평생 동안 고정된다. 하지만 물고기의 의상은 물고기의 성장과 함께 평생 동안 계속 진화한다. 많은 종은 이것을 자신에게 유리하게 활용한다.

예를 들면, 어린 어름돔(인도양과 서태평양에 서식하는 물고기)은 온몸이 어두운 줄무늬로 뒤덮여 있어 독성이 있고 맛이 없는 갯민숭달팽이와 비슷해 보인다. 어름돔은 헤엄도 매우 불규칙하게 치면서 갯민숭달팽이의 행동까지 흉내낸다. 하지만 자라면서 단지 몸이 커지는 것만으로 줄무늬가 저절로 반점으로 변하면서 어름돔 특유의 무늬가 나타나게 된다.

많은 물고기는 자라면서 몸이 커지고 무늬가 확장될 수 있는 한계가 변함에 따라 겉모습이 완전히 달라지게 된다. 엠퍼러 에인절피시는 어릴 때 모습이 어른과 너무나도 달라 어류학자들은 오랫동안 완전히 다른 종이라고 생각해 니코바르 에인절피시라는 이름까지 붙였다.

지금은 새끼와 어른의 두 가지 멋진 옷은 동일한 튜링 모형에서 단지 몸 크기만 변화시켰을 때 나오는 두 가지 해解라는 사실이 밝혀졌다. 그저 이 매개변수를 변화시키면서 작은 컴퓨터 프로그램을

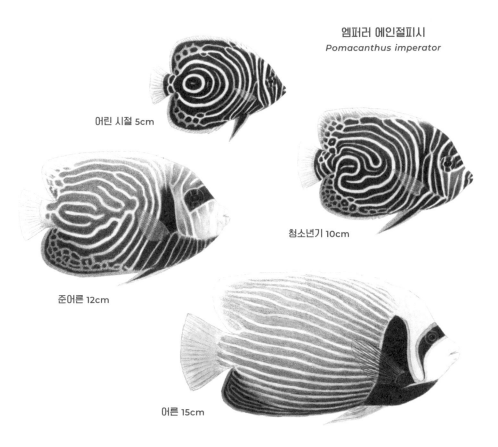

엠퍼러 에인절피시
Pomacanthus imperator

어린 시절 5cm

청소년기 10cm

준어른 12cm

어른 15cm

돌리기만 하면, 새끼의 겉모습이 어른의 그것으로 변하는 것을 볼 수 있다. 엠퍼러 에인절피시가 어른이 되어 몸이 더 커지면, 반응 확산 현상 때문에 자동적으로 줄무늬가 추가되면서 줄무늬들 사이의 간격이 똑같이 유지된다. 마치 이 물고기는 자신의 몸을 '날씬하게' 보이게 하는 의상을 추구하는 것처럼 보인다!

연어의 의상

반응 확산 모형은 또한 종의 진화를 낳는 사건, 예컨대 교잡이 일어날 때 새로운 패턴이 출현하는 현상을 완벽하게 설명할 수 있다.

산천어와 홍송어는 '소하성遡河性' 어류라고 부르는데, 바다에서 자란 뒤에 알을 낳기 위해 강을 거슬러 올라간다. 그래서 두 종 사이에 짝짓기와 생식이 일어난다(오해의 산물인지 진실된 사랑인지는 당사자들만이 안다). 산천어는 밝은색 배경에 검은색 점들이 있는 반면, 홍송어는 어두운 배경에 밝은 점들이 있다. 교잡의 결과로 잡종이 태어나는데, 이 잡종의 무늬와 색깔은 얼핏 보기에는 부모와 아무 관계가 없어 보인다. 미로 같은 패턴과 벌레 먹은 자국이 다채로운 색상으로 뒤섞여 매우 기이해 보인다. 분명히 기이하지만…… 그래도 충분히 예측 가능한 패턴이다!

과학자들은 실제로 산천어의 검은 점들과 홍송어의 밝은 점들을 얻을 수 있는 튜링 모형의 매개변수들을 계산했다. 그리고 이 매개변수들의 평균을 선택해―잡종이 양 부모로부터 동등한 양의 유전

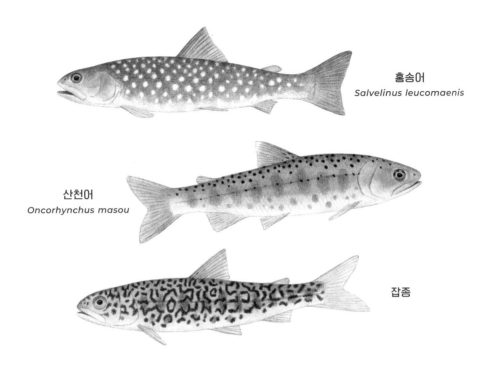

홍송어
Salvelinus leucomaenis

산천어
Oncorhynchus masou

잡종

적 특성을 물려받을 경우 일어나는 일을 예측하는 모형을 만들기 위해—이 모형이 잡종의 얼룩덜룩한 무늬 패턴을 완벽하게 만들어낸다는 결과를 얻었다. 많은 잡종견의 털가죽이 얼룩덜룩한 것도 바로 이와 동일한 수학적 이유 때문이다.

반응 확산 모형은 단지 바다 동물의 피부 문양이나 고양이과 동물의 털가죽을 설명하는 데에만 쓰이지 않는다. 그 밖의 많은 생명 현상에도 같은 원리가 숨어 있을지 모른다. 지금은 형태의 창발도 튜링 모형에 따라 일어난다고 생각한다. 하나의 구형 난세포에서 출발한 배아가 어떻게 자신의 형태를 발달시키고 기관들을 조직할까? 발달에 관여하는 물질인 형태 형성 인자morphogen가 난세포 표면에서 스라소니와 토끼 역할을 한다는 개념은 많은 생명 현상의 기적을 설명할 수 있다. 연구는 지금도 계속되고 있다.

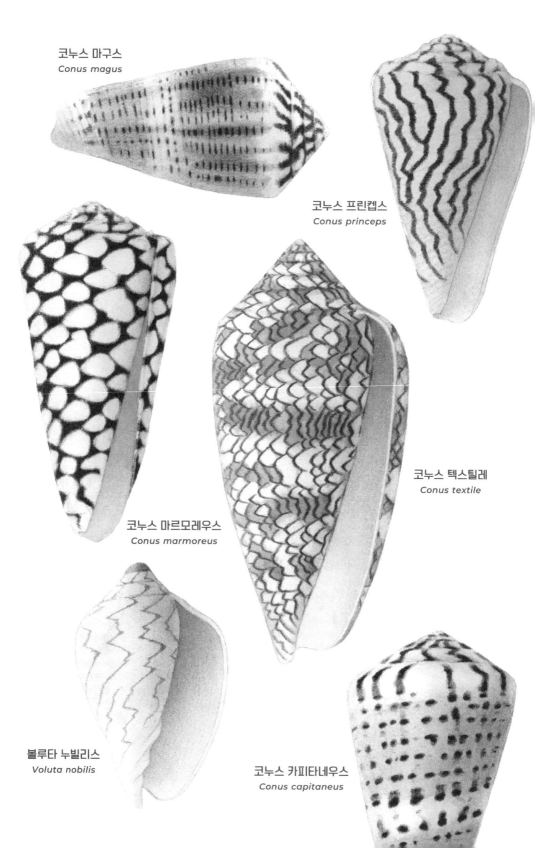

코누스 마구스
Conus magus

코누스 프린켑스
Conus princeps

코누스 텍스틸레
Conus textile

코누스 마르모레우스
Conus marmoreus

볼루타 누빌리스
Voluta nobilis

코누스 카피타네우스
Conus capitaneus

나사조개와 조개

컴퓨터과학자가 조개 무늬를 만들 때

"넌 IQ가 조개랑 비슷하구나!" 화가 난 수학 선생님이 빨간색 표시가 많은 답안지를 들고서 씩씩대며 외친다. 학생은 당혹감을 감추지 못하며 옆 친구에게 속삭인다. "넌 조개가 뭔지 아니?"

이런 트라우마를 겪은 모든 학생과 비하를 당한 모든 조개를 위해 잘못된 것을 바로잡아야 할 때가 왔다. 사실, 이 연체동물은 수학 천재이다!

생명 게임

1970년, 케임브리지대학교 시드니서식스칼리지의 유명한 수학자 존 호턴 콘웨이John Horton Conway는 나중에 자신에게 큰 명성을 가져다줄 문제를 연구하고 있었다. 문제는 아주 단순한 것이었지만, 그 답을 찾는 것은 아주 어려웠다. 그것은 스스로 생명력을 가지고 살아가는 '게임'을 발명하는 것이었다.

로봇공학 시대의 도래는 과학자들을 들뜨게 했다. 이제 생명을 다시 발명하는 것도 가능할까? 이를 위해 나온 한 가지 흥미로운 방법은 부품들로부터 스스로를 '복제'하는 로봇을 만드는 것이었다. 그 첫 단계로 수학자들은 논리적 규칙을 따르면서 스스로를 복제하는 시스템을 만들려고 했다. 그래서 예컨대 체스 게임 같은 '게임'을 발명하려고 했는데, 이 게임은 자체 규칙에 따라 특정 구조를 무한히 반복해서 만들어냄으로써 자연 발생적으로 생명이 생겨나고 진화할 수 있어야 했다.

콘웨이는 이미 산재군散在群, sporadic group이나 24차원 공간에서의 단일 모듈 네트워크처럼 흥미로운 이름이 붙은 수학의 많은 난제를 해결한 경험이 있었다. 하지만 이번 문제는 규모가 달랐다. 수학으로 생명을 재발명해야 했는데, 이것은 신(혹은 미치광이)에게나 어울릴 법한 문제였다.

필리핀의 조개들이 놀라운 상형 문자로 장식돼 있다면, 프랑스 바다에 사는 조개들은 세포 단위에서 작동하는 완벽한 자동 기계 구조를 갖고 있다. 유일한 차이점은 '게임'의 규칙이다!

리오콘차 히에로글리피카
Lioconcha hieroglyphica

유럽바지락
Ruditapes decussatus

콘웨이의 뇌가 영국 도서관 천장 아래에서 윙윙거리고 있는 동안 조개의 뇌는 아주 멀리 떨어진 초호에서 조용히 침묵을 지키고 있었다. 그럴 수밖에 없는 것이 이 연체동물은 아예 뇌가 없기 때문이다! 그렇다고 해서 이 연체동물이 이 문제의 해답을 찾지 못한 것은 아니었는데, 그것도 콘웨이보다 수백만 년이나 앞서서 그 답을 찾아냈다. 그리고 그 답을 매일 자신의 껍데기에 새겨왔다.

조개의 업적을 전혀 모른 채 콘웨이는 몇 달 동안 깊이 연구해 마침내 천재적인 아이디어를 떠올렸다. 평소 좋아하던 체스에서 영감을 얻어 '생명 게임Game of Life'을 만든 것이다. 우선 체스판처럼 검은색과 흰색의 정사각형 칸들이 배열된 공간을 준비하고, 여기에 단순한 규칙을 적용한다. 각 칸은 매번 이웃 칸들의 색에 따라 원래의 색을 그대로 유지하거나 색이 바뀐다.(검은색은 죽음, 흰색은 삶을 나타낸다.—옮긴이) 검은색 칸은 이웃한 세 칸이 흰색이면 흰색으로 변하고, 흰색 칸은 이웃한 두 칸 또는 세 칸이 흰색이면 검은색으로 변한다. 그 밖의 경우에는 각각의 칸은 원래의 색을 그대로 유지한다. 어떤 배열을 출발점으로 삼고 이 규칙에 따라 칸들의 색을 차례대로 바꾸어나가다 보면, 어느 순간에 기적처럼 생명이 나타난다!

더 정확하게 말하면, 흰색 칸들이 어떤 패턴을 만들기 시작하고, 그것이 점차 살아서 움직이게 된다. 처음의 칸들이 배열된 형태에 따라 움직이는 형태들이 나타나 번식하면서 스스로를 복제한다. 어떤 것들은 서로를 잡아먹거나 배설물을 만들거나 그것을 삼킨다. 판 위에 UFO나 개구리, 어릿광대 머리처럼 생긴 괴물들이 나타난다! 이 동물들은 단지 아주 단순한 두 가지 논리 규칙으로부터 생겨난 것이어서 더욱 흥미롭다. 이 발견으로 콘웨이는 세계적으로 유명해졌다. 하지만 조개는 합당한 공로를 인정받지 못했다. 조개는 아무도 알아주지 않아도 전혀 개의치 않고 계속 물을 여과했고, 자신의 발명을 가로챈 사람에게 조금의 질투심도 내비치지 않았다.

컴퓨터과학의 도움

1970년대 초에 콘웨이는 여전히 손으로 자신의 '게임'을 진화시켰는데, 판 위에서 칸들의 색을 직접 바꾸면서 그 과정에서 나타나는 생명 형태들을 관찰했다. 그런데 컴퓨터과학의 발전으로 이 실험을 더욱 흥미롭게 추구할 수 있게 되었다. 수백 명의 수학자가 이 게임을 진행하면서 이 게임으로 단지 생명을 만드는 것뿐만 아니라, 그보다 더한 것도 할 수 있다는 사실을 알아챘다. 처음에 흰색 칸들과 검은색 칸들의 배열을 세심하게 선택하면, 컴퓨터의 모든 기본 연산을 할 수 있었고, 따라서 계산도 할 수 있었다. 이 게임은 단지 생명을 모방하는 것에 그치지 않고, 스스로 논리를 만들어내고, 프로그래밍 툴 역할을 할 수 있었다. 이렇게 해서 콘웨이의 발견은 사람들에게 영감을 주었는데, 그 결과로 칸의 색이 변하는 규칙을 바꿈으로써, 동일한 원리를 바탕으로 한 '게임'들이 수많이 만들어졌다. 각각의 게임은 제각각 다르게 진화했다. 그리고 매번 단순한 규칙으로 굴러가는 계에서 예상치 못한 패턴과 움직임, 그리고 무한한 프랙털이나 카오스적 디자인처럼 복잡한 현상들이 나타났다. 새로운 종류의 수학적 대상이 탄생했다. 이 게임들을 세포 자동자cellular automaton

라고 부른다.

　이 새로운 도구를 사용해 유행병이나 교통 체증, 기체의 흐름처럼 다양한 현상의 모형을 만들 수 있다. 일부 물리학자는 우주 전체도 세포 자동자의 규칙과 동일한 기본 규칙에 지배를 받으며, 그러한 규칙이 모든 자연 법칙의 근원이라고 생각한다!

　오늘날 전 세계의 많은 대학교에서 이 게임들은 유망한 연구 대상이 되고 있으며, 컴퓨터가 절전 모드일 때 검은색과 흰색 칸들의 패턴이 자유롭게 변화하면서 약간 첨단 기술처럼 보이는 화면 보호기(스크린세이버)로도 쓰이고 있다. 화면 이야기가 나왔으니, 다시 조개 이야기로 돌아가기로 하자. 이 연체동물의 천재성을 이해하려면, 이러한 화면과 조개껍데기를 동시에 바라보면 된다. 수백 종에 이르는 조개의 껍데기(보통 조개뿐만 아니라 복족류와 거대한 홍줄고둥의 섬세한 사기질 자패紫貝까지)는 세포 자동자가 만들어내는 것과 정확하게 똑같은 패턴을 보여준다. 게다가 각각의 껍데기에 해당하는 '게임'의 규칙을 파악하는 것이 가능하며, 그 규칙을 사용해 컴퓨터로 그 패턴을 만들어낼 수 있다.

나사조개의 프린터

나사조개(소라나 우렁이처럼 껍데기가 원뿔 모양으로 둘둘 말린 고둥류)는 이 게임의 달인이다. 1000여 종에 이르는 이 열대 복족류는 진정한 예술 작품이라고 할 만한 다채로운 색의 웅장한 껍데기를 갖고 있는데, 이 모든 것은 세포 자동자의 모형을 바탕으로 만들어진 것이다. 콘웨이가 발견한 패턴과 공통점을 지닌 것은 결코 우연의 일치가 아니다. 조개껍데기는 자기 나름의 세포 자동자를 갖고 있다. 모든 것은 껍데기 가장자리에서 일어난다. 이 동물들이 바깥쪽을 향해 자랄 때, 세포들은 이 좁은 띠 위에 새로운 층을 추가해가면서 껍데기를 만들고 색칠을 한다. 그런데 색을 담당하는 세포들은 화학적 커뮤니케이션을 통해 서로 상호 작용한다. 각각의 세포는 이웃 세포들의 활동에 따라 색소를 만들거나 그 작업을 중단한다. 이것이 이 게임의 규칙이다.

콘웨이의 생명 게임에서처럼 세포들은 시간이 지남에 따라 활성화되거나 비활성화되면서 자라나는 껍데기 가장자리에 색을 입히거나 입히지 않는다. 나사조개나 조개를 보면서 감탄하는 것은 세포 자동자의 역사를 읽고…… 논리와 생명의 비밀을 엿보는 것과 같다!

쓸모없는 아름다움?

그러니 이 조개껍데기 수학자 중 하나를 만나보기로 하자. 예컨대 자신의 신비한 패턴을 자랑스럽게 과시하는 아주 아름다운 열대 나사조개 코누스 글로리아마리스*Conus gloriamaris*를 우연히 만났다고 가정하고, 주로 연구자들에게 던지는 다음 질문을 해보자. "그래요, 당신 이론은 아름다워요. 하지만 그게 무슨 쓸모가 있나요?"

모든 수학자와 마찬가지로 우리의 나사조개도 틀림없이 당황한 기색을 보일 것이다. 거기에는 그럴 만한 이유가 있는데, 그것은 나사조개의 아주 큰 비밀이기 때문이다. 지금까지도 나사조개가 그 패턴을 어떤 용도로 사용하는지 아는 사람은 아무도 없다. 아무 쓸모도 없다고 말하고 싶은 충동을 느끼는 사람들도 있다. 사실, 이 패턴은 살아 있는 나사조개에게서는 보기 힘든데, 몸 전체를 덮고 있는 각피殼皮(연체동물의 껍데기 바깥쪽을 덮고 있는 막)가 그것을 가리고 있기 때문이다. 그렇다면 이 모든 아름다움은 순전히 진화의 우연을 통해 부수적으로 생겨난 쓸모없는 산물일까? 아니면 아직 우리가 이해하지 못한 어떤 의미를 지니고 있을까?

어떻든 간에, 나사조개들은 가장 아름답고 가장 정교한 패턴을 만들어내려고 노력하는 것처럼 보인다. 나사조개들은 항상 가장 아름다운 '게임' 규칙을 선택하는 것처럼 보이며, 외투막의 세포들은 줄이 잘 맞춰진 줄무늬와 조화로운 디자인을 만들어내기 위한 전략들을 채택하는 것처럼 보인다. 유명한 작가 토마스 만Thomas Mann 은 이 나사조개들의 열렬한 팬이었는데, 조개껍데기에서 이집트 파피루스에 적힌 문자처럼 해독해야 할 자연의 비밀 언어를 보았다.

하지만 쓸모야 무엇이건 간에, 나사조개는 아름다움만으로도 우리의 큰 관심을 끌기에 충분하다. 이 패턴들은 우연에 크게 좌우되는 게임에서 생겨나기 때문에, 같은 종 안에서도 동일한 모양의 나사조개나 조개는 전혀 찾아볼 수 없다. 태곳적부터 타고난 수집가였던 인간은 이 조개껍데기들을 수집하는 걸 즐겼다. 18세기에 나사조개들은 유럽의 궁정과 살롱에서 큰 인기를 얻었다. 어떤 종들은 모두가 탐내는 대상이었다. 코누스 글로리아마리스는 너무나도 귀중하게 취급되어 오로지 왕족만이 소유할 수 있는 것으로 알려졌다.

그 당시에 세상에 알려진 표본은 수십 점밖에 없었다. 그로부터 200여 년이 지난 1960년대에 오세아니아의 잠수부들이 이 종이 풍부하게 서식하는 초호를 발견하면서 그 표본을 차지하기 위한 치열한 경쟁이 갑자기 뚝 멈추었다. 아무리 소중한 것도 수요와 공급의 법칙을 피할 수 없다.

한편, 마커스 새뮤얼Marcus Samuel이란 사람이 수집가를 대상으로 조개껍데기를 거래해 큰돈을 벌었는데, 행운을 가져다준 조개껍데기에서 이름을 따 자기 회사 이름을 셸Shell이라고 지었다. 세월이 한참 지난 뒤, 그 후계자들은 유망한 연료인 석유에 투자를 했고, 엄청난 성공을 거두었다. 그것이 오늘날의 셸석유회사이다.

생명을 죽이고 살리는 나사조개

만약 초호의 투명한 물에서 멋진 나사조개를 발견한다면, 함부로 만지지 않도록 조심하라! 이 나사조개는 겉모습은 보석처럼 보이지만, 실제로는 잔인한 살육을 자행한다. 나사조개는 산호초에서 몸을 숨긴 채 먹잇감을 노리는 야행성 포식자이다. 냄새로 먹잇감의 위치를 파악하면서, 잠수함처럼 일종의 잠망경 끝에 달려 있는 눈도 사용한다. 그리고 나서 기다란 주둥이를 사용해 강력한 독이 묻어 있는 작살을 불운한 자은 물고기나 바다 벌레를 향해 발사한다. 위협을 느낄 때에도 이 무기를 사용한다. 이 독에서 무사히 살아남는 동물은 드문데, 심지어 사람도 즉사할 수 있다.

하지만 나사조개의 무기는 생명을 구할 수도 있다. 이는 나사조개의 독이 한 가지 독성 물질이 아니라, 수백 가지 독성 분자가 혼합된 것이기 때문이다. 각각의 독성 분자는 동물의 시냅스나 호흡, 혈액 중에서 한 가지 기능을 공격한다. 따라서 이처럼 특정 작용을 하는 성분들이 다양하게 섞인 화합물들은 우리의 건강을 위해 단일 장기나 핵심 기능을 겨냥한 신약 개발에 많은 영감을 준다. 비록 부주의하게 헤엄을 치다가 나사조개 때문에 불운한 사고를 당하는 사람들이 있긴 하지만, 나사조개가 구하는 생명은 앗아가는 생명보다 훨씬 많다. 결국 나사조개는 자신의 껍데기에 새겨진 '생명 게임'과 비슷한 이미지를 갖고 있다. 거기에 적힌 게임의 규칙은 생명을 죽일 수도 있지만 살릴 수도 있다는 것이다!

7부

지각

바다 동물의 다양한 감각

우리가 느끼는 세계의 실체는 감각을 통해 전달되는 정보들의 집합체에 불과하다. 이것은 철학자들에게는 매우 골치 아픈 문제이지만, 해양생물학자에게는 꿈과 같은 기회를 제공한다. 다른 종의 지각을 이해하면, 그들의 우주에 접근할 수 있는 길이 열리기 때문이다.

감각에 대해 이야기할 때, 우리는 제일 먼저 시각을 떠올린다. 사실, 시각은 감각 중에서도 가장 중요해, '보다'라는 단어는 곧 '이해하다'라는 말과 동의어로 쓰일 정도이다. 바다 동물들 사이에서는 보는 방법이 한 가지만 있는 게 아니라 아주 많으며, 눈도 두 눈뿐만 아니라 홑눈과 겹눈과 다중 눈, 세 번째 눈 등 다양하다. 그렇지만 시각은 바다 동물에게 가장 중요한 감각이 아니다.

그 이유는 물이 음파, 기계적 파동, 전자기파를 비롯해 다양한 물리적 양의 환상적인 매질이기 때문이다. 우리의 지각이 빛과 음파, 촉각의 진동, 맛과 냄새의 화학적 특징에만 국한된 반면, 바다 동물의 지각은 훨씬 광범위하다.

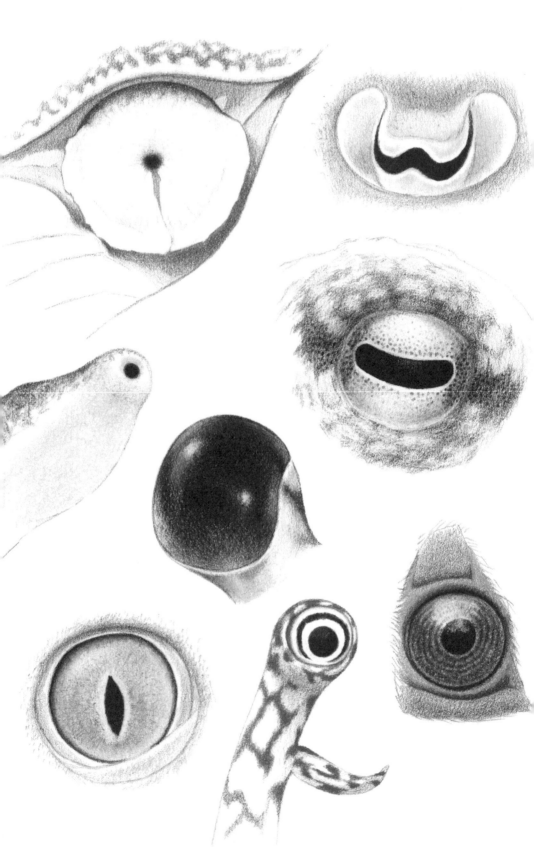

수천 개의 눈

해양 세계의 망막과 눈동자

모든 물고기가 튀긴 대구와 같은 눈을 갖고 있는 것은 아니다!
바다 동물의 다양한 눈에서 우리는 진화의 놀라운 능력을 볼 수
있다. 이 이야기들은 우리 자신을 포함해 동물계의 시각에 대해
많은 것을 알려준다.

세 번째 눈

갈라파고스 제도의 암석 해변에서 바다이구아나가 두 눈을 감은 채
햇볕을 쬐고 있다. 시간이 지나면서 종려나무 그림자가 바다이구아
나의 몸을 향해 뻗어간다. 얼마 지나지 않아 햇볕을 쬐던 바다이구
아나의 몸에 짙은 어둠이 드리운다. 그러면 바다이구아나는 눈도 뜨
지 않고 몽유병자처럼 몇 걸음을 옮겨 그림자를 피한다. 하지만 그
림자가 더 길어지면서 다시 다가온다. 바다이구아나는 또 한 번 자
리를 옮겨 계속 햇볕을 쬔다. 바다이구아나는 어떻게 두 눈을 감은
채 빛이 있는 곳으로 옮겨갈 수 있을까? 두 눈을 감은 게 확실하다
면…… 답은 하나밖에 없다. 뜨고 있는 세 번째 눈이 있는 것이다!

우리 눈에는 잘 보이지 않지만, 바다이구아나의 정수리에 있는

한 비늘 중앙에 작은 회색 점이 빼꼼히 열려 있다. 가까이에서 자세히 관찰하면, 이 작은 점이 실제로는 수정체와 망막을 비롯해 눈과 같은 구조를 갖고 있음을 알아챌 수 있다. 바다이구아나의 머리 양옆에 난 눈처럼 이 눈은 빛을 감지한다. 두정안頭頂眼이라 부르는 이 세 번째 눈은 아주 오래전에 진화했다. 모든 척추동물의 공통 조상에 해당하는, 약 4억 5000만 년 전에 살았던 원시 물고기가 이미 두정안을 갖고 있었는데, 아마도 위에서 다가오는 포식자를 탐지하는 데 사용했을 것이다. 진화 과정에서 이 눈은 점차 처음의 기능을 잃고 크기도 작아졌지만, 그 흔적은 모든 척추동물에 남아 있다. 일부 동물은 이 눈을 아직도 일상적으로 사용하지만 나머지 동물들에게 서는 오래전에 일어난 진화의 기억으로 남아 있을 뿐이다.

갈라파고스 제도의 바다이구아나
Amblyrhynchus cristatus

숨겨진 눈

일부 이구아나는 진정한 두정안을 갖고 있으며, 이를 빛을 감지하는 시각 구조로 사용한다. 이 눈은 이구아나가 대사 활동과 체온 조절에 맞춰 일광욕을 최적화하는 데 도움을 준다. 두정안은 갈라파고스제도의 바다이구아나에게 절실히 필요하다. 이곳의 물은 아주 차가워서 바다 밑에서 자라는 조류를 뜯어먹기 위해 잠수하면, 체온이 급격히 떨어지면서 일종의 혼수상태에 빠질 수 있다. 그 상태에서 빨리 회복하고 에너지를 보충하려면 물에서 나오자마자 따뜻한 햇볕이 내리쬐는 곳으로 가 태양열을 최대한 받아야 한다.

그런데 세 번째 눈의 흔적을 잘 활용하는 동물은 바다이구아나뿐만이 아니다. 매우 원시적인 물고기의 직계 후손인 칠성장어는 아직도 정수리에 빛을 감지하는 투명한 점이 남아 있다. 칠성장어는 이 세 번째 눈 덕분에 가시광선과 자외선을 구별할 수 있는데, 이 능력을 이용해 자신이 있는 곳의 수심을 파악할 수 있다. 이 기관이 측정한 신호는 송과선(솔방울샘)으로 가고, 송과선은 이 신호를 분석해 화학적 신호의 형태로 뇌로 보낸다.(송과선은 프랑스어로 glande pinéale, 영어로는 pineal gland라고 하는데, '솔방울'을 뜻하는 라틴어 pinea에서 유래한 이름이다.)

포유류와 조류는 머리뼈가 단단히 닫혀 두정안의 흔적이 완전히 사라졌다. 하지만 뇌에는 두정안에서 보낸 신호를 받는 수용체가 아직 남아 있는데, 송과선이 바로 그것이다. 여러분과 내게도 송과선이 있다. 캄캄한 머리뼈 속에 숨어 있는 송과선은 망막에서 보내온 신호로 빛의 존재를 감지해 멜라토닌의 생산을 조절함으로써 낮의 길이에 따라 우리의 수면 주기를 변화시킨다. 우리가 겨울에 우울한 기분이 들거나 봄에 활력이 넘치는 것은 먼 옛날에 우리 물고기 조상이 가졌던 세 번째 눈의 흔적인 송과선 때문이다!

눈 속의 나침반

많은 종은 정수리에 반투명한 영역의 형태로 단순한 송과안을 갖고 있다. 장수거북의 경우, 이마 한가운데에 얇은 분홍색 피부가 있다. 그 아래의 뼈와 연골은 아주 얇아 빛이 쉽게 통과할 수 있다. 이 '창'을 통해 들어온 광선은 머리뼈에 난 구멍을 통해 직접 송과선으로 간다. 장거리 여행을 즐기는 장수거북은 1년에 1만 8000km 이상을 이동하는데, 이 감지 기관을 이용해 낮의 길이를, 따라서 날짜를 파악하는 것으로 보인다. 이 능력은 장수거북에게 아주 중요하다. 사실, 자연계에는 짝짓기 시기나 먹이가 풍부한 시기처럼 연례적으로 중요한 사건들이 있고, 이 사건들은 정해진 날짜에 일어난다. 하지만 바다에는 달력이 없다. 온도 변화만으로는 지금이 언제인지 충분히 정확하게 알 수 없다. 다행히도 장수거북은 송과선 덕분에 날짜를 정확하게 알며, 이동하기에 적절한 순간을 선택할 수 있다.

머리 윗부분이 유리처럼 보이는 다랑어는 자신의 송과선 창을 더 성공적으로 사용한다. 다랑어는 이것을 옛날의 항해가들이 그랬

장수거북
Dermochelys coriacea

던 것처럼 자신의 '위치를 파악하는' 데 사용한다. 다랑어 개체들에게 표지를 달아 추적한 결과, 다랑어는 새벽과 황혼 무렵, 즉 하루의 첫 번째 햇빛과 마지막 햇빛이 물에 닿는 순간에 짧은 시간 동안 수면 위로 올라오는 것이 확인되었다. 마치 육분의를 사용하는 항해사처럼 다랑어는 그 순간에 별의 위치를 측정함으로써 바다에서 자신의 위치를 파악한다. 혹은 아직 그 존재가 입증되진 않았지만 많은 과학자가 틀림없이 있을 것이라고 생각하는 내부의 자기 나침반을 보정하는 것으로 보인다. 또한 다랑어의 송과선 창이 빛의 편광(편광에 관해 자세한 내용은 177쪽 참고)에 아주 민감할 가능성도 있다. 따라서 다랑어는 햇빛의 편광을 측정해 자신의 위치를 파악함으로써 바다 한가운데에서 방향을 찾는다. 이것은 바이킹선을 타고 대양을 항해하던 바이킹 선장들이 송과선 창 대신에 빛을 편광시키는 희귀한 아이슬란드 방해석으로 했던 것과 같은 계산이다.

네 개(혹은 천 개)의 눈 사이에서

이 두정안을 가진 척추동물 중 일부는 눈이 거의 3개라고 할 수 있다. 3개는 우리와 비교하면 많은 편이지만, 다른 바다 동물들에 비하면 적은 편이다. 불가사리는 각각의 팔 끝에 눈이 하나씩 달려 있다.—게다가 어떤 불가사리는 팔이 24개나 달려 있다! 일부 해파리는 약 20개의 눈이 젤라틴질 몸 전체에 퍼져 있다. 큰가리비는 거대한 파란색 눈이 50~100개나 있는데, 껍데기 사이의 틈을 통해 그것을 볼 수 있다. 하지만 세계 챔피언은 군부이다. 썰물 때 바위 위에서 가끔 볼 수 있는 군부는 쥐며느리와 비슷한 생김새에 갑옷 같은 껍데기로 뒤덮여 있는 연체동물로, 최대 1000개에 이르는 작은 눈들이 껍데기 표면 곳곳에 흩어져 있다. 군부는 동물 중에서는 유일하게 수정체가 광물—더 정확하게는 아라고나이트aragonite(산석霰石이라고도 함)—로 만들어진 눈을 갖고 있다. 아라고나이트는 탄산칼슘이 주성분인 탄산염 광물로, 군부의 껍데기를 만드는 광물과 동일한 물질이다. 이 암석 눈은 시간이 지나면 물의 작용으로 침식된다. 그래서 군부는 새로운 눈을 계속 만들어야 한다. 군부의 눈은 원시적이다. 각각의 눈에는 광수용기가 100여 개밖에 없는데, 사람의 눈에는 광수용기가 무려 1억여 개나 있다. 그래도 군부의 눈은 어두운 정도와 형태를 구별할 수 있다.

누구나 군부의 석회질 눈과 해파리의 원시적인 눈, 갯가재와 물고기의 겹눈을 서로 다른 것으로 인식한다. 그것은 당연하다. 이들이 공통 조상에서 유래했다 하더라도, 최초의 광수용기는 약 5억 년 전의 캄브리아기에 나타났고, 그 후 눈들은 동물계의 각 가지에서 독립적으로 진화했다. 진화의 우연을 통해 빛을 포착하고 분석하는 전략들이 다양하게 나타났다. 하지만 광학의 법칙은 모든 생물에게 똑같이 적용되기 때문에, 5억 년의 진화 끝에 결국 눈을 사용해 주변 세계의 상을 만들어내는 해결책은 단 세 가지만 나타났다. 이 세 가지 해결책은 우리가 광학 기기를 만들 때 사용하는 것이기도 한데, 구멍과 거울과 렌즈가 그것이다.

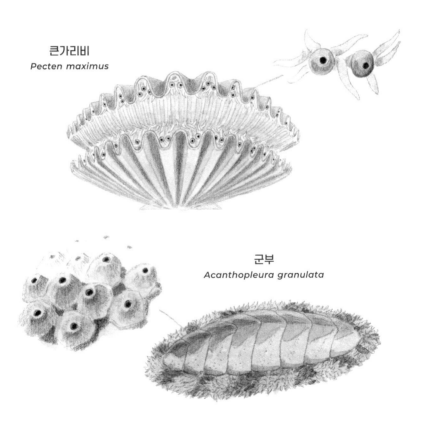

큰가리비
Pecten maximus

군부
Acanthopleura granulata

구멍, 거울, 렌즈?

상을 만드는 가장 단순하고 원시적인 방법은 단순한 구멍을 사용하는 것이다. 이것은 카메라오브스쿠라camera obscura 또는 바늘구멍 사진기의 원리와 같다. 빛이 아주 작은 구멍을 통해 암실로 들어오면, 암실 뒤쪽 벽에 바깥 풍경의 상이 거꾸로 뒤집힌 모습으로 비친다. 이현상은 사진이 발명되기 이전에 이미 얀 페르메이르Jan Vermeer 같은 화가들이 그림에 사실주의 효과를 높이기 위해 사용했다. 바다 동물의 가장 원시적인 눈은 바로 이 방법에 의존한다. 전복이나 앵무조개의 눈이 바로 이에 해당하는데, 그 눈은 아주 가느다란 구멍이 뚫려 있는 공동에 불과하다.

상을 투영하는 데 더 정교한 방법은 오목거울을 사용하는 것이다. 천체 망원경도 그렇지만, 윤형동물, 편형동물(307쪽 참고), 일부 요각류와 다양한 연체동물의 눈도 오목거울을 사용한다.

세 번째 방법은 우리가 잘 아는 것인데, 바로 렌즈(수정체)를 사용하는 것이다. 그 원리는 많은 동물의 눈에 공통으로 적용되지만, 그것을 실제로 사용하는 방식, 특히 초점을 맺는 방식은 동물계에서 아주 다양하게 나타난다. 문어 같은 두족류는 단단하지만 원격 조정이 가능한 렌즈를 마치 대물렌즈를 움직임으로써 선명도를 조절하는 카메라의 줌처럼 사용하는 반면, 물고기와 우리 같은 척추동물은 변형 가능한 렌즈인 수정체를 사용해 초점을 맞춘다.

두족류의 눈과 척추동물의 눈은 기묘하게 비슷하면서도 근본적으로 다르다. 이것은 수렴 진화를 보여주는 좋은 예인데, 수렴 진화는 서로 아주 다른 계통의 생물들이 동일한 문제에 대해 비슷한 해결책에 도달하는 것을 말한다. 두 계통은 모두 나란히 유리체와 수정체로 된 눈인 렌즈를 발명했다. 하지만 이 발명들은 독립적인 진화 경로를 통해 발달했기 때문에, 구조적으로 큰 차이가 있다. 그중 하나를 감상하기 위해, 그리고 문어의 눈이 어떤 장점이 있는지 알아보기 위해 잠시 바다를 바라보자.

반대 방향을 향한 망막

만약 눈앞에 광대한 푸른 바다가 펼쳐져 있지 않다면, 대신에 하늘로 눈길을 돌려도 된다. 만약 그것도 여의치 않으면, 벽이나 하얀 천장을 바라보아도 된다. 우리의 시선은 광대하게 펼쳐진 균일한 풍경 속에서 길을 잃고 만다. 그러다 갑자기 우리의 시야에 점들이 나타나 춤을 추기 시작한다. 그것들은 작은 벌레나 고리처럼 보이기도 한다. 불안해할 필요 없다. 이것은 아주 정상적인 현상이니까. 이것은 우리가 척추동물의 눈을 가졌기 때문에 나타나는 현상이다.

　이상하게 들릴지 모르지만, 척추동물의 눈은 거꾸로 배열돼 있다. 광수용기에 혈액을 공급하는 모세 혈관과 그것들을 연결하는 신경이 망막 뒤쪽이 아니라 앞쪽에 늘어서 있다. 이것은 마치 카메라의 전자 회로가 센서 앞에 설치돼 있는 것과 같다! 따라서 빛은 불투명한 그물 구조를 통과한 뒤에야 원뿔세포와 막대세포에 도달하게 된다. 물론 눈은 이런 상황에서도 사물을 보는 데 잘 적응해 이 결함은 그다지 큰 문제가 되지 않는다. 그래서 다행히도 어두운 그물이 시야를 지속적으로 가리는 일은 일어나지 않는다. 하지만 천장이나 파란 하늘을 바라볼 때, 그리고 그 순간에 백혈구가 망막의 혈관 중 하나를 지나가면 그 모습이 보이게 되는데, 백혈구가 망막에 남긴 어두운 색의 작은 점이 우리의 시야에서 움직인다.

우리보다 더 뛰어난 광학 설계자인 문어는 이런 감각을 전혀 경험하지 않는다. 문어의 눈은 올바른 방향으로 배치돼 있어 혈관과 신경이 망막 뒤쪽에 연결돼 있다. 그 결과로 혈관과 신경이 시야에 비치지 않는다. 따라서 문어는 자신의 시신경이 보이는 것을 피하기 위해 온갖 종류의 기술을 발달시킬 필요가 없다. 하지만 문어는 여름날에 광활한 하늘에서 제비들과 경쟁하면서 춤추는 점들의 시를 느끼진 못할 것이다.

문어의 눈으로 본 세상

두족류의 눈은 우리 눈에 비해 설계가 훨씬 단순할 뿐만 아니라, 기술적으로도 놀라운 적응을 보여준다. 특히 문어는 눈동자를 항상 수평으로 유지하는 안정 장치가 있는데, 심지어 머리를 거꾸로 뒤집었을 때조차도 눈동자의 수평을 유지할 수 있다. 마치 어떤 방향으로 돌리더라도 수평을 유지하는 스마트폰의 화면과 비슷하다. 동물계에서 가장 큰 눈도 두족류에서 발견되는데, 대왕오징어(몸길이가 약

15m나 되는 괴물)가 그 주인공으로 눈의 크기는 축구공만 하다. 대왕오징어는 이 거대한 눈으로 심해의 어둠 속에서 극소량의 빛알도 포착할 수 있다. 게다가 시력을 보강하기 위해 시야를 환히 밝혀주는 생물 발광 전조등까지 갖추고 있다.

많은 바다 동물과 마찬가지로 두족류 역시 눈으로만 빛을 감지하는 게 아니다. 문어와 갑오징어와 그 밖의 오징어는 동물의 눈에서 빛 감지 기능을 담당하는 주요 단백질인 옵신opsin이 피부 전체에 퍼져 있다. 따라서 이 동물들은 설령 피부로 '보지는' 못한다 하더라도 적어도 빛에 관한 정보를 탐지할 수 있는데, 이것은 아마도 문어의 놀라운 몸 색깔 변화(202쪽 참고)에 도움을 주는 것으로 보인다.

이 장이 시작되는 부분에 나왔던 눈들이 어떤 동물의 눈인지 짐작했는가? 위에서 아래, 그리고 왼쪽에서 오른쪽 순으로 그 동물들은 앵무조개, 갑오징어, 전복, 문어, 바닷가재, 산호상어, 청자고둥, 코뿔바다오리 (퍼핀)이다.

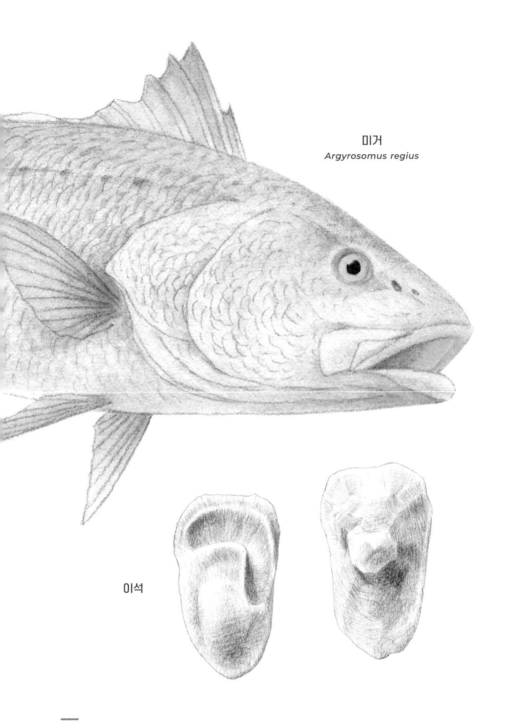

미거
Argyrosomus regius

이석

미거의 이석은 아주 큰 돌인데, 수천 년 동안 큰 호기심의 대상이었다.
프랑스 남서부 아키텐 지역의 고고학 발굴지에서는 로마 시대에 갈리아
인이 이 돌을 보석으로 만든 유물이 나왔다.

미거

고요한 세계의 재즈 연주자

물고기는 전혀 '꿀 먹은 벙어리처럼' 조용하지 않다. 오히려 천둥처럼 우렁찬 소리로 우리를 놀라게 한다. 그중에서도 미거 meagre와 그 친척들이 가장 큰 소리를 낸다. 미거가 세레나데를 부를 때에는 널리 울려퍼지는 그 시끄러운 소리에 주의해야 한다!

밤중의 불가사의한 소음

당신이 막 은퇴를 해 플로리다주에서 말년을 보내려 한다고 상상해보자. 운하가 미로처럼 뻗어 있어 미국의 베네치아라 불리는 케이프 코럴의 이상적인 장소에서 아름다운 수상 주택을 발견했다. 겨울에도 따뜻한 햇볕이 내리쬐고, 수영장은 늘 파란색으로 빛나는 천국 같은 곳이다. 하지만 막 자리를 잡자마자, 모든 벽을 진동시키는 기이한 소음이 마음의 평화를 깨뜨린다. 소음은 느린 템포로 끈질기고 반복적으로 밤새도록 계속된다. 아마도 마침 이웃들이 축제를 벌이나 보다. 그렇다면 크게 염려하지 않아도 되겠지.

다음 날, 해가 지자마자 또다시 소음이 시작된다. 그리고 그다음

날도 마찬가지다. 이런 상태에서는 잠도 잘 수 없고, 그곳에서 계속 살 수도 없다. 하지만 근처에는 클럽 같은 건 전혀 없고, 이웃들도 동일한 소음 때문에 미치겠다고 이야기하지만, 소음의 원인을 제대로 설명하는 사람은 없다. 어떤 사람들은 더 이상 못 살겠다며 집을 내놓는다. 또 어떤 사람들은 이 사태에 책임이 있는 게 분명한 시청을 상대로 소송을 하려고 집단행동에 나서지만, 정확한 이유는 아무도 모른다.

2000년대 말에 케이프코럴과 미국의 여러 도시에서 많은 주민이 불가사의한 소음 문제 때문에 집단으로 이사를 했다. 결국 한 생물학자가 그 이유를 밝혀냈는데, 그 범인은 바로 물고기였다. 미거와 브라운미거와 함께 민어과에 속하는 블랙드럼이 그 운하에 살고 있었다. 이들이 내는 소리가 부교와 건물의 기반을 통해 울려퍼진 것이었다. 주민들에게 좋은 소식도 있었는데, 블랙드럼은 짝짓기 철에만 이 소리를 내뱉는다. 그러니 1월 한 달 동안만 집을 비우고 다른 데서 살다 오면 된다! 그래도 블랙드럼의 품위 없는 행동은 이 지역의 부동산 가격을 하락시켰다.

고요한 세계라고? 천만의 말씀!

우리는 귀를 기울이지 않지만, 수중 세계는 온갖 소음이 흘러넘친다. 심지어 지상 세계보다 더 소란하다. 사실, 소리는 물질이 진동하면서 나기 때문에, 통과하는 매질의 밀도가 클수록 더 빨리, 더 멀리 전파된다. 서부 영화에서 기차가 어디쯤 오는지 파악하려고 인디언이 선로에 귀를 갖다 대는 것도 이 때문이다. 공기 중에서는 기차의 소음이 갈수록 약해져, 금속을 통해서 전달되는 것만큼 멀리 그리고 빨리 전달되지 않는다. 물은 공기보다 밀도가 약 800배나 커 소리가 아주 잘 전달된다. 물속에 머리를 집어넣으면, 많은 종이 내는 멜로디를 들을 수 있다. 각각의 종이 저마다 나름의 악기로 연주를 하기 때문에 아주 다채로운 소리의 풍경을 경험할 수 있다. 이들이 음악을 생산하는 방법은 최고의 오케스트라와 견줄 수 있을 만큼 다양하다.

음악을 사랑하는 가족

민어과 물고기는 수중 세계의 음악 스타이다. 이 음악가 물고기 가족 중에서 대서양과 지중해에 사는 미거는 너무나도 큰 소음을 내 프랑스 아르카숑 지역에서는 아직도 "귀를 사용하는" 전통적인 방식으로 미거를 잡는다. 어선 바닥에 머리를 갖다 대면, 미거가 내는 특유의 소리를 들을 수 있다. 지중해에 사는 사촌인 브라운미거는 몸 크기가 더 작지만 시끄러운 소리는 미거에 전혀 뒤지지 않는다. 그 소리는 해저 동굴들 주변에서 잘 들리는데, 특히 포르크로 보호 구역의 해저 동굴들에서 잘 들린다. 하지만 프랑스의 이 음악가들도 멕시코만 지역의 걸프코르비나에게는 상대가 되지 않는다. 이 물고기들은 번식기에는 일시적으로 주변 지역의 고래와 바다사자마저 청각 장애를 일으킬 정도로 요란한 소리를 낸다!

민어과 물고기는 타악기 연주자이다. 그래서 드럼 물고기라는 별명이 붙었다. 이들은 바닥짐 역할을 하는 동시에 물속에서 부력을 제공하는 공기 주머니인 부레를 두드려서 소리를 낸다. 특별한 근육을 수축시킴으로써 부레를 변형시킬 수 있는데, 그러면서 꾸르륵거리는 소리와 둥둥거리는 소리를 낸다. 모든 종은 각자 나름의 의사소통 방식이 있다.

불행하게도 부레는 민어과 물고기에게 재앙이 되었다. 이 부레는 기묘한 모양 때문에 멸종 위기 종들의 무시무시한 저승사자인 전통 한의학의 주목을 끌었다. 어떤 사람들은 부레를 초롱으로 사용했고, 어떤 사람들은 기적의 약재로 여겼다. 화학적으로 보나 맛으로 보나 민어과 물고기의 부레는 다른 물고기의 부레와 차이가 없다. 그저 콜라겐 덩어리에 불과하다. 하지만 그 모양을 둘러싼 미신 때문에 비상식적인 수요가 발생했다. 그 결과로 전 세계 각지에서 가장 큰 종부터 시작해 이 물고기들의 대량 학살이 일어났는데, 그 부레는 킬로그램당 5만 유로(약 7500만 원)에 이르는 비싼 가격에 거래된다. 중국의 큰민어는 이미 거의 사라졌고, 멕시코의 미거도 멸종 직전에 이르렀다.

물고기의 귀는 어디에?

대화를 나누려면, 먼저 상대방의 말을 들을 수 있어야 한다. 그런데 물고기의 귀는 도대체 어디에 달려 있단 말인가? 밖에서는 아무리 눈을 씻고 봐도 귀 비슷한 건 전혀 보이지 않는다. 하지만 물고기에게도 귀가 있다. 사실, 물고기의 몸과 물은 밀도가 거의 비슷해서 서로 간에 소리가 아주 잘 전달된다. 물고기의 귀는 머리뼈 안에 작은 돌의 형태로 들어 있다. 귓돌이라는 뜻으로 이석耳石이라 부르는 이 돌은 음파가 지나갈 때 진동한다.

물고기를 요리하기 전이나 후에 눈 뒤쪽의 머리를 열어보면 이석을 쉽게 관찰할 수 있다. 이석은 대구, 민대구, 북대서양대구를 비롯해 대구과 종들 사이에서 쉽게 발견할 수 있다. 그 크기는 아주 다양하다. 거대한 다랑어의 이석은 쌀알보다 작은 반면, 민어과 물고기들의 이석은 대추야자 열매만 하며 로마 시대부터 벽옥이나 수정처럼 보석으로 사용되었다.

부레도 물고기의 청력에 도움을 준다. 부레는 소리를 내는 기능뿐만 아니라 소리를 붙드는 기능도 있다.

바다 동물 음악가들의 연주회

미거가 드럼 소리를 내는 메커니즘은 바다 동물들이 소리를 내는 데 자주 사용하지만, 그것이 유일한 방법은 아니다. 물고기는 척추동물 중에서 음악의 달인인데, 성대를 진동시키는 방법만 아는 조류나 포유류와는 달리 소리를 내는 메커니즘이 아주 다양하다. 실제로 물고기들 사이에서는 모든 악기의 음향 기술에 해당하는 기술을 발견할 수 있다.

물고기 중에는 크레셸crécelle(따르륵 소리를 내는 바람개비 모양의 장난감) 연주자가 아주 많다. 많은 메기 종은 줄칼로 물체를 긁어 진동시키는 것과 같은 방식으로 마찰음을 내길 선호하는데, 지느러미를 긁어서 소리를 낸다. 펌프킨시드와 전갱이는 이빨을 가는 방식으로 소리를 내며, 해마는 목의 골판으로 실로폰을 연주하듯이 소리를 낸다. 망둑어는 관악기 연주자인데, 물속에서 휘파람 소리를 낸다. 망둑어가 사용하는 메커니즘이 정확하게 어떤 것인지는 아직 밝혀지지 않았지만, 망둑어가 사는 웅덩이에서 음향학자들은 망둑어가 내는 사랑의 바이브레이션을 여러 차례 측정했다.

불가사의한 "끄와" 소리

반면에 물속의 기타리스트들은 오랫동안 아주 조용했는데, 거기에는 그럴 만한 이유가 있었다. 이들은 오랫동안 자신의 존재를 숨기고 살아왔기 때문이다. 수백 년 동안 우리는 물고기들이 기타와 피아노 그리고 성대처럼 현이 진동하는 원리에 따라 소리를 낸다고 생각했다. 그런데 2019년에 지중해의 포시도니아(해초의 일종) 무리 사이에서 기묘한 "끄와" 소리가 났다. 과학자들은 수중 청음기를 사용해 이 불가사의한 "끄와" 소리가 밤중에 프랑스 남해안 대다수 지역의 바다 근처에서 울려퍼진다는 사실을 알아챘다. 음향학자들이 즉각 조사에 나섰다. 유력한 용의자는 풍부하게 존재하면서 바다 근처에 사는 야행성 동물이었다.

오랜 조사 끝에 마침내 그 범인이 확인되었는데, 부야베스 bouillabaisse(생선, 조개, 새우 등에 채소와 향신료를 넣고 끓인 지중해식 생선 스튜—옮긴이)의 주 재료로 쓰이는 쏠배감펭이었다! 그리고 해부를 통해 악기의 현 역할을 하는 힘줄도 발견되었다.

쏠배감펭은 기타 현과 같은 원리를 사용해 소리를 낸다. 즉, 양 끝이 고정된 유연한 현을 진동시켜 소리를 낸다. 여기서 생겨난 정상파定常波(파형波形이 매질을 통하여 더 진행하지 못하고 일정한 곳에 머물러 진동하는 파동—옮긴이)가 매질(이 경우에는 물)의 진동을 통해 전달되면서 소리를 만들어낸다. 아마도 그 밖에도 많은 종이 이와 동일한 악기를 연주할 테지만, 그 모든 종이 다 밝혀진 것은 아니다.

붉은쏠배감펭 *Scorpaena scrofa*

지중해의 붉은쏠배감펭은 물고기 중에서는 드물게 '성대'를 진동시켜 소리를 낸다.

갑각류 바이올리니스트

바다 동물뿐만 아니라 호모 사피엔스도 연주하기에 가장 복잡한 악기는 누가 뭐래도 바이올린이다. 인간 이외에 이 악기를 제대로 다룰 줄 아는 동물은 오직 한 종밖에 없는데, 그 주인공은 바로 바닷가재이다. 만약 이 갑각류가 사는 해저 동굴에 가까이 다가가면, 바닷가재는 필시 당신에게 겁을 주기 위해 어떤 곡조로 연주를 할 것이다. 이 음악에서 파가니니를 기대해서는 안 된다. 아마도 그다지 아름답지 않은 마찰음에 불과할 테지만, 그래도 엄밀하게 따지면 바이올린에서 나오는 소리와 같다. 그리고 이것은 진화가 낳은 경이로운 결과물이다.

바이올린 연주는 특별한 음향 원리를 바탕으로 하는데, 활로 현을 마찰시켜서 소리를 낸다. 바이올린 현은 기타 현처럼 뜯어서 소리가 나는 것도 아니고, 피아노 현처럼 두드려서 소리가 나는 것도 아니며, 활로 그것을 문지를 때 소리가 난다. 여기에는 아주 섬세한 동작들의 균형이 필요한데, 이것은 지금도 물리학의 불가사의로 남아 있다.

아마도 당신은 이사를 할 때 무거운 가구를 미는 과정에서 바이올린 현의 물리적 원리를 부지불식간에 알아챘을지 모른다. 처음에 가구를 움직이게 하려면 큰 힘으로 밀어야 한다. 하지만 일단 가구가 미끄러져 움직이기 시작하면, 가구의 저항력이 줄어들어 작은 힘으로도 밀 수 있다. 이것은 정지한 물체와 움직이는 물체에 작용하는 마찰력이 서로 다르기 때문인데, 정지한 물체의 마찰력이 훨씬 크다. 정지 마찰력과 운동 마찰력 사이의 이 차이는 아직 과학으로 완전히 설명하지 못하고 있다. 심지어 고체의 마찰력은 일상생활에서 맞닥뜨리는 물리적 힘에 관한 마지막 수수께끼라고 말할 수도 있다. 즉, 세계를 이해하는 우리의 지식에서 어두운 부분으로 남아 있다. 바닷가재와 바이올리니스트는 바로 이 모호한 원리를 활용해 연주를 한다.

가구를 밀어 가구가 미끄러지기 시작했을 때 당신이 잠시 힘을 늦추는 바람에 가구가 다시 멈춰설 수 있다. 그러면 다시 힘을 더 주어 가구를 움직이게 하고, 이제 더 작은 힘으로 가구를 밀고…….

바닷가재 *Palinurus elephas*

바닷가재는 껍데기의 두 부분을 서로 비벼 바이올린을 연주한다.

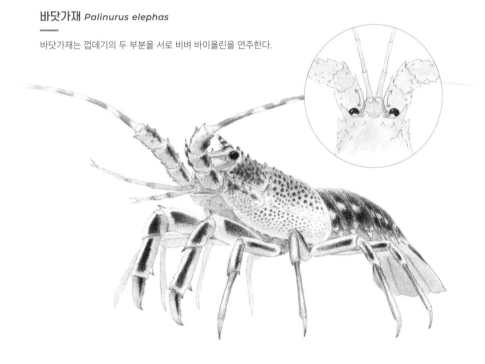

그런 식으로 같은 과정이 반복될 수 있다. 이것은 너무 빨리 일어나 알아채지 못할 수도 있지만, 당신은 가구가 바닥을 '긁는' 걸 느낄 수 있는데, 그 때문에 끼익거리는 소음이 난다. 앉아 있던 의자를 갑자기 뒤로 밀 때에도 똑같은 현상을 통해 똑같은 소음이 난다. 그리고 바이올린도 바로 이 원리로 소리를 낸다.

바이올리니스트의 경우, 활이 현과 마찰을 일으키면서 소리를 내는데, 활의 털에 바른 송진은 활이 미끄러지지 않고 현에 잘 들러붙게 해준다. 바닷가재의 경우, 더듬이 밑부분에 있는 두 껍데기 부분이 마찰을 일으키면서 소리를 낸다. 바닷가재와 바이올리니스트 이외의 동물 중에서는 아직까지 이 기술을 능숙하게 사용하는 사례가 발견되지 않았다.

소리의 풍경

다음번에 물속에 머리를 집어넣을 기회가 있거든, 귀로 물속의 소리를 잘 들어보라. 꾸르륵거리는 듯한 기묘한 소리가 아주 많이 들릴 텐데, 그중 상당수는 동물이 내는 소리이다. 성게와 새우의 찰칵거리는 소리는 새 소리만큼 매력적이지 않지만, 이것들이 합쳐져 각각의 자연 환경에 독특한 배경 소리를 만들어낸다. 이 소리들의 스펙트럼을 분석함으로써 물속으로 들어가지 않고도 해양 생태계를 연구할 수 있다. 컴퓨터 프로그램을 통해 어떤 종의 존재 여부와 포식 활동이나 생식 활동에 대한 정보도 알아낼 수 있다.

우리는 예상치 못한 바다의 이 측면들이 지닌 가능성을 이제 막 엿보기 시작했고, 거기서 완전히 새로운 우주를 발견하는 동시에 바다가 크게 위협받고 있다는 사실을 알게 되었다. 왜냐하면 소음 공해는 땅 위에서보다 물속에서 훨씬 심하기 때문이다. 인간 활동에서 발생한 소음이 물속에서 별로 약해지지 않고 수백 km나 나아간다. 이것이 고래처럼 복잡한 대화를 나누는 종들에게 미치는 영향이 얼마나 클지는 충분히 짐작할 수 있다. 하지만 산호초 물고기의 유생처럼 먼바다에서 홀로 살다가 주로 귀에 의존해 자신이 태어난 산호초로 돌아오는 동물에게 미치는 영향은 훨씬 클지도 모른다.

곱상어
Squalus acanthias

상어

언제 어디서나 주변 세계를 자세히 파악하는 능력

우리는 감각이 다섯 가지밖에 없지만, 상어는 최소한 여덟 가지
나 된다! 우툴두툴한 상어 가죽 속으로 들어가 상어가 느끼는
세계는 어떤 것인지 잠깐 맛보기로 하자. 그것은 우리가 느끼는
것보다 훨씬 다양하다.

많은 감각으로 느끼는 우주

솔직하게 말하면, 나는 온갖 장르의 할리우드 영화를 보면서 저녁
시간을 보내길 좋아한다. 다만 한 가지 조건이 있는데, 상어가 등장
해야 한다. 특히 하늘을 나는 상어나 거대한 상어, 좀비 상어, 로봇
상어 등 컴퓨터를 사용한 특수 효과 이미지를 입혀 관객을 큰 공포
로 몰아넣는 것이면 더욱 좋다. 매년 상어에 물려 죽는 사람이 헤어
드라이어 때문에 죽는 사람보다 적으니 내가 이 동물을 두려워하는
것은 전혀 아니지만, 우리 사회가 어떻게 상어를 현실과 전혀 관련
이 없는 전설적인 존재로 만들었는지 알아보면 무척 흥미로울 것이
다. 만약 상어가 그런 영화를 본다면 어떻게 생각할지 궁금해질 때
가 많다. 하지만 상어는 우리가 다니는 어두운 영화관에 가지 않는

다. 그래도 상어가 그런 영화를 본다면, 틀림없이 너무 단조롭고 조잡하다고 느낄 것이다.

그저 요란한 이미지와 소리만 넘쳐나니, 안타까울 뿐이다! 그러한 극적인 장면에 상어는 아무 감흥을 느끼지 못할 텐데, 시각과 청각은 상어의 주된 감각이 아니기 때문이다. 설령 상어의 청력과 시력(색각을 제외한)이 좋다 하더라도, 상어는 이들 감각이 없어도 얼마든지 잘 살아갈 수 있다. 상어는 빛 외에 다른 파동을 사용해 주변 세계를 지각한다. 따라서 상어를 위한 이상적인 영화는 전혀 보이지도 않고 소리도 없으며, 우리 세계와는 완전히 다른 감각 세계에서 펼쳐질 것이다. 자, 그러면 상어의 여섯 번째 감각인 옆줄(측선)부터 살펴보기로 하자.

일직선으로 늘어선 옆줄

아마도 당신은 연어 스테이크나 어항의 금붕어에서 이것을 본 적이 있을 것이다. 이 물고기들은 옆구리 가운데 부분을 따라 지나가는 선이 있다. 자세히 살펴보면, 이 선은 작은 구멍들이 죽 늘어선 점선으로 이루어져 있는데, 이 구멍들은 속도 감지기 역할을 한다. 각각의 구멍 안에는 관이 있고, 그 끝에는 압력 감지기인 신경 소구 neuromast가 있다. 이것은 털세포들의 집단으로, 작은 털이 기울어지는 정도로 압력을 감지하는데, 그 원리는 우리 귀에서 청세포들이 압력을 감지하는 것과 정확하게 똑같다.

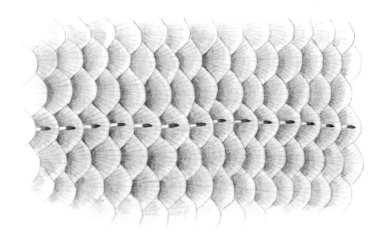

옆줄을 따라 늘어선 신경 소구들이 피토관 역할을 하면서
주변을 지나가는 물의 속도와 미소한 진동을 실시간으로
알려준다.

옆줄은 물고기의 청각계가 확장된 것으로 볼 수 있는데, 광범위한 물질의 진동을 감지할 수 있다. 그래서 물고기는 고주파 진동—음파—뿐만 아니라 소리보다 아주 낮은 초저주파 파동과, 물결과 해류처럼 훨씬 느린 물의 움직임까지 감지할 수 있다. 물고기가 헤엄을 칠 때 뒤에 생기는 소용돌이는 상어에게 특히 유용하다. 이것은 먹잇감의 흔적을 알려주어, 상어는 이 흔적을 단서로 먹잇감을 쫓아간다.

옆줄 덕분에 상어는 캄캄한 어둠 속에서도 백주대낮과 다름없이 길을 잘 찾으며 돌아다닌다. 그것은 대다수 물고기도 마찬가지다. 캄캄한 동굴에서 살아가는 민물고기인 멕시코테트라 중 일부 종들은 진화 과정에서 시력을 완전히 잃었지만, 아무 문제 없이 잘 살아간다. 이들은 물의 움직임을 감지해 주변의 풍경을 파악한다.

물의 움직임을 감지하는 신경 소구들은 상어의 옆줄을 따라 죽 늘어서 있을 뿐만 아니라, 머리와 나머지 몸 전체에도 퍼져 있다. 그 결과로 이 감각은 상상을 초월하는 정확성을 자랑한다. 우리는 두 눈이나 두 귀처럼 단 두 개의 감지기만으로 '3차원으로' 보고 듣는다. 만약 상어처럼 우리 몸 전체에 감지기가 수백 개나 퍼져 있다면, 우리가 얼마나 놀라운 감각을 가질지 상상해보라!

하지만 이것은 상어의 여섯 번째 감각에 불과하다. 이것 말고도 다른 감각들이 있다. 일부 신경 소구들은 이보다 훨씬 놀라운 추가 감각을 상어에게 제공하도록 진화했다.

일곱 번째 감각

아주 특별한 털세포 덕분에 상어는 전기를 감지할 수 있다. 연골어류의 한 하위 집단인 판새류(상어와 가오리를 포함하는)에서는 신경 소구가 뒤집힌 전구 모양으로 변형되었는데, 이를 로렌치니 기관 ampullae of Lorenzini이라 부른다. 로렌치니 기관은 17세기에 발견되었지만, 이곳이 상어의 일곱 번째 감각이 있는 곳이라는 사실은 1960년에야 밝혀졌다. 그 감각은 바로 전압을 감지하는 능력이다.

이 특별한 감각은 진화를 통해 척추동물문 중 적어도 여덟 과에서 독립적으로 나타났다. 포유류 중에서는 단공류(바늘두더지와 오리너구리)와 일부 아마존강돌고래만 이 능력을 갖고 있다. 어류 중에서는 상당히 많은 종이 이 능력을 갖고 있다. 모든 상어와 가오리뿐만 아니라, 칠성장어와 철갑상어, 그리고 물론 전기 물고기들도 이 능력이 있는데, 전기 물고기로는 유명한 전기뱀장어와 대서양통구멍(부야베스의 재료로 '흰 쏠배감펭'이라는 이름으로 흔히 들어가는)을 들 수 있다.

각각의 동물 집단은 전기를 감지하기 위해 특별한 기관을 발달시켰다. 이것들은 아주 정교한 감지기인데, 의심의 여지 없이 동물계 전체에서 가장 예리한 감각 기관이다. 이 모든 정밀 장비 중에서도 가장 민감한 장비를 가진 동물이 상어이다. 상어는 100만분의 1볼트 단위의 미소한 전기장도 감지할 수 있다. 이 천연 전압계의 위력이 얼마나 대단한지 감을 잡고 싶으면, AA 전지의 한쪽 극은 프랑스의 마르세유 항구에 연결돼 있고, 반대쪽 극은 알제리의 알제 항구에 연결돼 있다고 상상해보라. 그러면 상어는 그 중간에 위치한 지중해의 코르시카섬에서 이 전지가 연결이 되었는지 되지 않았는지 알 수 있다! 이토록 놀라운 능력의 비결은 상어의 로렌치니 기관에 있는 젤 상태의 단백질에 있는데, 이것은 생물계에서 전도성이 가장 뛰어난 물질이다.

상어는 이 감각을 무슨 용도로 쓸까? 불안해하지 않아도 된다. 상어는 몰래 당신의 누전 차단기를 고장 내거나 전기 계량기를 염탐할 생각이 추호도 없으니까. 상어는 전압 측정을 단지 동물을 감지하는 데에만 사용한다. 사실, 신경의 신호 전달은 전기 신호를 통해 일어나는데, 그래서 신경세포가 있는 동물은 모두 늘 작은 전기장을 띤다. 상어는 이 전기장을 감지함으로써 주변 동물들의 위치를 파악할 수 있는데, 심지어 모래 속에 숨어 있더라도, 밤중이라도 그 위치를 찾아낼 수 있다. 어느 누구도 상어의 추적을 피할 수 없다.

일곱 번째 감각만 해도 이미 충분히 많다. 하지만 상어는 이것만 으로 성에 차지 않는 것처럼 보이는데, 또 다른 감각을 추가로 갖고 있기 때문이다. 그것은 지금까지도 가장 신비한 감각으로 남아 있다.

머릿속의 나침반

상어는 자기장에도 민감하다는 사실이 밝혀졌다. 이 감각은 동물의 생물학에서 가장 불명확한 영역으로 남아 있다. 많은 동물이 이 능력을 갖고 있음을 뒷받침하는 증거는 충분히 쌓였지만, 어떻게 자기장을 감지하고, 그것을 어떤 목적으로 사용하는지는 아직 밝혀지지 않았다. 다만, 지구 자기장을 감지하는 능력은 먼 거리를 이동할 때 도움을 주는 것으로 보인다.

참새와 거북, 벌뿐만 아니라 가오리와 상어도 분명히 자석에 민감하다. 우리는 상어의 이 민감성을 이용해 자성을 지닌 금속인 네오디뮴neodymium 조각을 서프보드나 낚싯줄에 붙임으로써 상어가 가까이 오지 못하게 한다.

조류의 자기장 감지는 눈 속에 포함된 특정 단백질을 사용해 복잡한 화학적 경로를 통해 일어나는 것으로 보인다. 상어에게서는 이와 비슷한 것을 전혀 찾아볼 수 없다. 유력한 가설은 이번에도 로렌치니 기관이 관여하는 전자기 유도 현상으로 설명한다.

'탈자기'가 일어날 수 있으니 휴대전화나 신용카드를 인덕션 레인지에 가까이 두지 말라는 충고를 들은 적이 있을 것이다. 그 이유는 인덕션 레인지가 자기장을 이용해 작동하기 때문이다. 이 모든 것은 패러데이의 법칙에 기반을 두고 있다. 자기장 속에서 움직이는 도체 회로는 자기장의 변화에 따라 전류가 생겨난다. 이 전류가 플레이트 위에 놓인 냄비 바닥(도체)을 따라 흐르면서 그 바닥을 전기 저항처럼 가열시킨다.

상어도 같은 원리를 이용한다. 헤엄을 치면서 방향을 바꿈으로써 지구 자기장에 대한 몸의 상대적 방향을 변화시킨다. 그러면 전자기 유도 현상에 따라 로렌치니 기관의 전도성이 아주 높은 젤에 전류가 발생하는데, 젤은 전기 회로 역할을 한다. 상어는 이 전류를 감지할 수 있는 것으로 보인다. 아마도 이때 발생하는 전압을 측정해 지구 자기장의 방향을 파악할 것이다. 하지만 아직 알려지지 않았지만 자기장을 측정하는 별도의 기관을 갖고 있을 가능성도 충분히 있다. 어쨌든 이것은 추가적인 감각 차원으로, 우리가 묘사하기 어려운 세계의 지도이다. 상어는 이를 이용해 주변 세계를 지각하고 환경을 탐색한다.

너무 많은 감각의 부작용?

이와 같이 상어의 단단한 겉모습 아래에는 실제로는 아주 민감한 감각들이 숨어 있다. 지금까지 밝혀진 상어의 감각은 모두 여덟 가지인데, 그중 두 가지는 지난 50년 사이에 발견되었다. 그러니 아직 알려지지 않은 다른 감각이 또 있을지 누가 알겠는가?

상어는 아주 민감하고, 그것도 여러 방식으로 민감해, 많은 감각 때문에 혼란에 빠질 수도 있다. 다양한 감각 자극에 압도당한 상어는 당황한 나머지 상황을 제대로 이해하지 못한 채 자포자기 상태로 떠다닐 수 있다. 상어를 이런 상태로 만들려면, 주둥이를 세게 때리거나(하지만 절대로 그러려고 하지 말 것!) 배가 하늘로 가도록 거꾸로 뒤집어놓기만 하면 된다. 그러면 이에 자극을 받아 다양한 감각이 상반된 신호들을 보낸다. 지각 과부하 상태에 빠진 상어는 어떤 감각을 믿어야 할지 혼란을 느낀다. 말하자면 그네 위에서 어지럼을 느낄 때와 비슷한 상태인데, 상어의 경우에는 이 어지럼증이 여덟 가지 감각에서 동시에 몰아닥친다. 그래서 상어는 강직증 또는 긴장성 정지라 부르는 상태에 빠진다. 이것은 완전히 마취된 트랜스trance 상태에 해당한다.

경험 많은 일부 잠수부는 이 방법을 잘 알아 상어를 연구할 때 치료를 하거나 표지를 다는 등의 목적을 위해 사용한다. 이 트랜스 상태는 상어 자신도 사랑을 나눌 때 사용하는 것으로 보인다. 하지만 나쁜 의도를 가진 동물들이 사악한 목적으로 이 방법을 사용하기도 한다.

생물학자들은 오랫동안 남아프리카 해안들에 배가 갈라진 백상아리 사체가 자주 밀려오는 이유를 궁금하게 여겼는데, 사체를 자세히 살펴보면 늘 간이 뜯겨나가고 없었다. 이 끔찍한 범행을 저지른 잭 더 리퍼Jack the Ripper는…… 범고래 윌리라고 불렸다. 이 무서운 고래가 범행을 저지르는 장면이 드론으로 촬영되었는데, 범고래는 백상아리를 사냥한 뒤에 영양분이 아주 많고 자신이 좋아하는 기관인 간만 뜯어먹었다. 범고래는 긴장성 정지 상태를 이용해 사냥을 한다. 즉, 상어를 거꾸로 뒤집어놓아 항거불능 상태로 만든다. 심지어 범고래는 이 기술을 세대를 이어가며 전수하는 것으로 보인다. 이것은 이 동물들 사이에 '문화'가 있음을 보여주는 증거이다.

백상아리 *Carcharodon carcharias*

백상아리의 주둥이 아래로 다가가면, 전기장을 감지하는 기관인 로렌치니 기관을 볼 수 있다. 범고래는 아주 민감한 이곳을 만지면서 백상아리를 거꾸로 뒤집어놓아 항거불능 상태로 만든 뒤에 공격해 간을 빼먹는다.

8부

건축가

미래파 건축과 건축 재료

식물이 풍경을 지배하면서 들판과 숲을 이루고 있는 육지 생태계와 반대로, 물속 생태계에서는 주로 동물이 풍경을 지배한다.

해저에는 대개 빛이 비치지 않기 때문에, 식물이 자랄 수 없다. 그래서 이곳의 풍경을 만들어내는 건축가 역할은 주로 단순한 해면동물에서부터 복잡한 피낭동물, 연산호와 경산호를 포함한 산호, 그리고 태형동물에 이르기까지 다양한 동물이 맡고 있다. 이들은 혼자서 또는 집단으로 각자 나름의 재료와 기술을 사용해 물속에 잠긴 도시를 건설하는데, 그 솜씨는 성당과 피라미드와 그 밖의 웅장한 건축물을 세운 건축가에 비해도 전혀 손색이 없다.

게다가 이집트의 피라미드를 쌓아올린 주 재료는 무엇인가? 지금도 따뜻한 바다 바닥에 서식하는 유공충의 화석인 화폐석이다.

크세노포라 메크라넨시스 코노이
Xenophora mekranensis konoi

크세노포라 툴레아렌시스
Xenophora tulearensis

크세노포라 팔리둘라
Xenophora pallidula

비단무늬고둥

엘리자베스 2세 여왕은 자신의 초상이 인쇄된 우표를 열심히 모아 세상에서 가장 완벽한 컬렉션을 갖고 있었다. 그런데 이보다 더 편집광적인 조개껍데기 수집가 왕은…… 바로 조개이다!

조개껍데기 애호가들의 연례 국제 행사가 프랑스의 소도시 셸Chelles에서 열리는 것은 단순히 말장난을 위한 것일까?(조개껍데기를 뜻하는 영어 단어 셸shell이 이 도시 이름과 발음이 같아서 하는 농담임.―옮긴이) 이 행사에 자주 참석하는 괴짜들은 말장난에 능한데, 이들은 늘 장난기가 섞인 열정을 갖고 살아가는 것처럼 보인다.

셸 셸 쇼Chelles Shell Show(셸 조개껍데기 박람회)에는 전 세계에서 애호가들이 찾아온다. 센에마른주의 이 도시에서 열리는 소박한 박람회장의 길에 설치된 가판대들에는 형형색색의 조개껍데기들이 쌓여 있고, 그 앞에 많은 사람이 몰린다. 이들은 마치 쉬는 시간에 포켓몬 카드를 교환하는 학생들처럼 자신의 일에 몰입하는데, 영원한 개구쟁이 아이의 장난기 어린 눈빛으로 이매패류나 복족류를 교환한다. 커피콩만 한 크기의 표본이 스포츠카 가격으로 거래되기도 한다. 수집가는 가격을 따지지 않는다.

　귀한 물건을 수집하는 것은 진실로 인간만의 독특한 취미이다. 특정 범주의 표본을 모으고 분류하고 비상식적인 엄격함을 발휘하면서 질서를 세우는 것은…… 우리 종에게서 지능의 일탈을 보여주는 완벽한 예인데, 너무나도 인간적인 이 행동은 정신적으로 건강한 것이라고 보기 어렵다. 이렇게 광기 어린 행동을 하려는 동물은 아마 없을 것이다. 적어도 비단무늬고둥을 만나기 전까지는 나도 그렇게 생각했다.

수집가들의 왕

내가 비단무늬고둥을 처음 만난 장소도 자연히 셸 조개껍데기 박람회장이었다. 한 탁자 위에 양파처럼 배열된 복족류 무더기 사이에서 기묘한 모양의 껍데기가 눈길을 끌었다. 깜짝 놀란 나는 판매자에게

물었다. "이 조개는 스스로 자기 몸 위에 다른 조개껍데기를 쌓아놓은 건가요?"

그것은 신기루도 아니고 사기도 아니었다. 비단무늬고둥은 정말로 다른 조개껍데기를 수집하는 동물이다. 백악기에 나타난 이 연체동물은 현재 아주 깊은 바닷속에서부터 해변 가장자리에 이르기까지 전 세계의 해저에 수십 종이 서식하고 있다. 이들은 복족강에 속하며, 사촌인 쇠고둥과 뿔고둥과 나사조개처럼 껍데기가 나선형으로 비틀리면서 자란다. 비단무늬고둥은 자라면서 자신의 껍데기 위에 수집품을 올려놓는다.

우체부 슈발

19세기 말에 조제프 페르디낭 슈발Joseph Ferdinand Cheval이라는 우체부가 그동안 여행을 하면서 땅에서 발견한 아름다운 조약돌들을 시멘트로 붙여 궁전을 짓기로 결심했다. 그로부터 33년 뒤, 슈발은 드롬주의 자기 집 정원에 실로 기념비적인 건축물을 세웠다. 비단무늬고둥도 슈발과 똑같은 꿈을 꾸는데, 그것을 실현할 수단도 갖고 있다. 수집한 조개껍데기로 자신의 집을 장식하는 작업은 평생 동안 계속된다. 모든 수집가와 마찬가지로 비단무늬고둥도 끈기가 강하다. 각각의 조개껍데기를 손처럼 물체를 잡을 수 있는 주둥이를 사용해 세심하게 선택한다. 그러고 나서 수집한 각각의 껍데기를 자신이 분비한 특수 접착제를 사용해 들러붙게 하는데, 때로는 모래를 추가함으로써 일종의 시멘트를 만들어 모든 것을 단단히 들러붙게 한다. 그 결과는 실로 경이롭다. 흠잡을 데 없이 완벽하게 나선 형태로 배열된 컬렉션이 탄생하는데, 비단무늬고둥이 클수록 그 규모가 더 크다. 골동품 캐비닛과 비교해도 손색이 없는 자연의 경이로운 건축물이다.

강박적 열정에 사로잡힌 수집가

컬렉션의 이름에 걸맞은 수집품은 특정 품목에 한정되는데, 비단무늬고둥의 컬렉션도 예외가 아니다. 각각의 종이나 아종 또는 개체군은 특정 종류의 물체만 수집한다. 완전한 껍데기를 수집하는 집단, 완전한 껍데기만 수집하는 집단, 특정 형태의 조각만 수집하는 집단도 있다. 또 홍합을 수집하는 집단, 홍합만 수집하는 집단, 송곳고둥만 수집하는 집단, 둥근 모양의 작은 화산암 조약돌만 수집하는 집단도 있다. 요컨대 각자 선호하는 게 다르고, 각자 나름의 취향이 있다!

가장 강박증이 심한 종은 누가 뭐래도 스텔라리아 테스티게라 디기타타*Stellaria testigera digitata*인데, 이매패류 중에서 작은 대합인 누쿨라 술카타*Nucula sulcata*의 껍데기만, 그것도 일정한 규격의 조각만 수집해 자신의 껍데기에 붙인다. 그 밖의 다른 것에는 눈길도 주지 않는다. 매우 아름다운 비단무늬고둥 중 하나로 레위니옹섬과 누벨칼레도니섬에 서식하는 크세노포라 팔리둘라*Xenophora pallidula*는 살아가면서 선호하는 취향이 바뀐다. 어릴 때에는 이매패류를 수집하지만, 더 자라면 길쭉한 조개 쪽으로 취향이 변한다. 그래서 자신의 껍데기를 장식하는 수집품의 종류가 다양하다. 가운데에는 어릴 때 수집한 이매패류가 있고, 가장자리 부근에는 나중에 선호하게 된 조개껍데기들이 늘어서 있다. 또 다른 비단무늬고둥인 오누스투스 인디쿠스*Onustus indicus*는 시간이 좀 지나면 이 취미 활동에 싫증이 나 수집을 멈춘다. 그래서 수집한 조개껍데기들은 자신의 껍데기 가운데 부분에만 몰려 있다.

일부 비단무늬고둥 종은 조개껍데기를 수집할 때 좀 더 기회주의적인 태도를 보인다. 그래서 크세노포라 크리스파*Xenophora crispa*(지중해에 서식하는)는 조개껍데기와 돌과 화석을 가리지 않고 마구 수집한다. 심지어 인간 활동에서 나온 쓰레기까지 추가한다. 사실, 각각의 비단무늬고둥 종이 자신의 휴대용 박물관의 테마와 거기에 소장된 수집품을 어떤 기준으로 선택하는지는 알 수 없다. 필시 형태와 크기와 거친 정도와 일부 관련이 있을 것이다. 하지만 그 밖의 알 수 없는 요인(단순히 일종의 개인적 취향에 가까운)도 선택에 영향을 미칠 것이다. 어쨌든 비단무늬고둥은 어느 누구보다도 해저 바닥을 잘 탐사하며 돌아다니기 때문에, 새로운 것을 발견하기에 아주 유리한 위치에 있다. 이들은 열정적인 인간 수집가들이 찾고자 애쓰는 아주 희귀한 표본을 자신의 컬렉션에 추가할 때가 많다. 그래서 이들은 '대리 수집가'라는 애칭을 얻게 되었다.

유익한 취미?

그런데 비단무늬고둥은 도대체 왜 이렇게 번거로운 일을 할까? 그 답은 인간 수집가에게서 듣는 것과 비슷하다. 자신이 비단무늬고둥이 아닌 한, 그 이유를 이해하기 어렵다!

　사실, 우리는 이 수집벽을 설명할 수 있는 방법을 모른다. 여러 가지 가설이 나왔지만, 아주 그럴듯한 것은 없다. 자신의 껍데기 위에 붙여놓은 조개껍데기들은 위장에 도움을 줄지도 모르고, 심지어 전체 껍데기를 안정시키는 데 도움을 줄지도 모른다. 하지만 이 가설은 설득력이 없는데, 비단무늬고둥은 일반적으로 파도에서 멀리 떨어진 캄캄한 바닷속에서 살아가므로 굳이 몸을 숨길 이유가 없고, 특별히 몸을 똑바른 자세로 유지해야 할 이유도 없기 때문이다. 조개껍데기 '컬렉션'이 눈신처럼 비단무늬고둥이 부드러운 바닥에 푹 빠지지 않고 이동하도록 도움을 주는 역할을 할 가능성도 있다. 어쩌면 해저 바닥에서 흔적을 남기지 않으면서 조류와 찌꺼기, 유공충 등을 섭취할 수 있는 일종의 죽마竹馬로 쓰일지도 모른다. 비단무늬고둥은 이렇게 자신이 수집한 조개껍데기들 위에서 그것을 죽마로 사용해 돌아다니면서 뒤에 흔적을 남기지 않아, 굶주린 도미나 농어의 추격을 피할지 모른다. 자신의 껍데기 위에 삐죽 돋아 있는 조개껍데기들이 포식자의 공격을 막는 단단한 방어 무기로 쓰일지도 모른다.

　그렇더라도 컬렉션의 기능은 종에 따라 제각각 다를 가능성이 아주 높다. 종마다 사는 환경이 천차만별이고 그에 따라 수집품도 아주 다양하기 때문에, 종에 따라 수집품을 제각각 다른 용도로 쓸 수 있다.

장식을 좋아하는 게

조개껍데기 수집보다 한 단계 위의 취미는 수족관에서 동물을 기르는 것이다. 즉, 살아 있는 동물을 수집해 기르는 것이다. 다양한 표본이 존재하는 디오라마(3차원 실물 모형), 곧 거기서 동물들이 자체적으로 번식하고 자라는 정원을 만든다. 비단무늬고둥은 정말로 원치 않으면서도 가끔 이런 취미에 빠진다. 때때로 비단무늬고둥은 아직 살아 있는 산호 조각을 수집한다. 산호는 비단무늬고둥의 껍데기 위에서 계속 자라고, 결국 그곳에 살아 있는 산호 컬렉션이 화려하게 자리잡게 된다.

비단무늬고둥 사이에서는 이런 행동이 일화에 불과하다면, 일부 갑각류는 이 방면의 전문가이다. 그래서 소라게 등딱지 위에 말미잘이 자리잡고 있는 모습을 자주 볼 수 있다. 의심의 여지가 없는 사실은 소라게가 말미잘을 자신의 껍데기에 들러붙게 했다는 것이다. 소라게는 톡 쏘는 촉수가 달린 이 극피동물을 자신을 보호하는 무기로 사용하고, 대신에 자신이 먹고 남은 음식 찌꺼기를 말미잘에게 제공한다.

물맞이게상과_Majoidea_(절지동물문 갑각강 십각목에 속한 상과)는 여기서 한 걸음 더 나아간다. 이들의 몸은 껍데기 위에 붙어살고 있는 온갖 생물들로 뒤덮여 있다. 프랑스 대도시 해안에 사는 물맞이게의 자치 도시에는 조류와 미생물과 해면동물이 모여 살고 있다. 열대 지역에 사는 사촌들의 몸은 훨씬 다양하고 다채로운 색의 생물로 뒤덮여 있다. 이 게들의 껍데기는 벨크로 같은 갈고리로 뒤덮여 있으며, 거기에 살아 있는 경이로운 수집품들이 걸려 있다. 눈과 집게발 끝을 제외한 몸 전체에 히드라충, 피낭동물, 갯지렁이, 태형동물 등이 붙어 살아간다. 그래서 이 게들에게는 '장식가 게'라는 뜻으로 데커레이터 크랩_decorator crab_이란 별명이 붙었다.

유행에 민감한 수집가

장식가 게는 유행에 맞춰 옷을 입는다. 이것은 생존이 걸린 문제이다. 컬렉션은 늘 자신이 살아가는 환경에 맞춰 형태와 색을 일치시켜야 하는데, 그 목적이 게의 몸이 주변 환경에 섞여 눈에 잘 띄지 않게 하는 것이기 때문이다. 그래서 게는 계절과 이동 장소에 따라 컬렉션을 계속 바꾼다. 만약 구멍 속에서 살아가는 게라면, 무엇보다도 다리를 먼저 '장식'해야 하는데, 구멍 밖으로 쑥 내미는 다리가 포식자의 눈에 띌 가능성이 높기 때문이다. 반대로 밖으로 나와 돌아다니는 게는 중요한 기관들을 우선 숨기려고 할 것이다.

이 기묘한 이동 정원은 실제로는 서로에게 이익이 되는 상호 협력을 바탕으로 굴러간다. 게는 자신의 껍데기에 붙어사는 생물에게 거처와 이동 수단을 제공하고, 그 대가로 몸을 숨기는 위장 수단을 얻는다. 수집품과 수집가는 상부상조하는 운명 공동체로 함께 살아가는데, 이런 관계를 상리 공생이라 부른다. 이것은 수집가가 꿈꿀 수 있는 궁극적인 관계가 아닐까? 끈기 있게 모은 경이로운 수집품과 하나가 되어 조화를 이루어 함께 살아가고, 결국엔 자신도 수집품의 일부가 되는 것! 이것은 아마도 일부 우표 수집가가 (약간 몰입한 상태가 되어) 경험하는 것과 같은 현상일 것이다!

유리해면

높이가 20m를 넘는 유리 건물들이 깊은 바닷속에 서 있다. 이
것은 잃어버린 도시가 아니라, 동물들의 군집이다. 이들은 1만
년 이상 살아가며, 우리의 먼 조상과 비슷하게 생겼다.

영국 박물학자 앨프리드 러셀 월리스Alfred Russel Wallace는 1854년부터
1862년까지 말레이 제도를 탐사했다. 목적이 무엇이었냐고? 생물의
다양성이 어디서 비롯되었고, 종들이 어떻게 나타났는지 알기 위해
서였다. 인도네시아에서 뉴기니에 이르는 이 여행에서 월리스는 그
당시 유럽인이 전혀 몰랐던 생물을 많이 만나 자세히 기술했다. 그
런 생물 중에는 오랑우탄, 하늘을 나는 개구리, 그리고 전설적인 극
락조도 있었다. 하지만 "가장 아름답고 가장 놀라운" 장관은 물속에
서 발견되었다.

동물의 숲

그 당시에는 잠수 장비도 없었고 수족관도 없었다. 그래서 월리스는

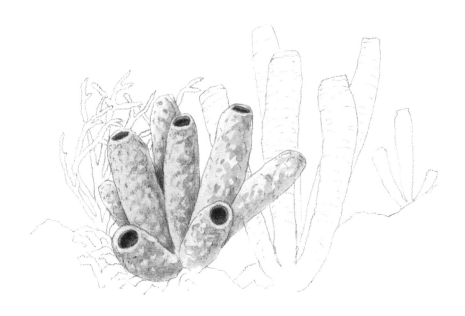

배를 타고 산호초 위로 모험을 떠나기 위해 이상적인 조건이 갖추
어질 때까지, 즉 수면이 잔잔해지고 물이 투명해질 때까지 끈기 있
게 기다려야 했다. "그것은 몇 시간 동안 경탄을 금치 못할 장관이었
는데, 어떤 묘사로도 그 훌륭하고 매혹적인 아름다움을 제대로 표현
하지 못할 것이다." 그때, 한 가지 사실이 월리스의 마음을 사로잡았
다. "틈과 골짜기와 언덕"이 있는 그 풍경은 완전히 동물로 이루어져
있었다. 산호, 해면, 말미잘이 '동물의 숲'을 이루고 있었다.

　월리스는 인도네시아 탐사를 통해 찰스 다윈이 주장한 자연 선
택에 의한 진화론을 거의 동시에 발견했다. 불행하게도 월리스는 자
신이 개발한 이 이론을 편지로 써서 다윈에게 보냈는데, 그 편지를
본 다윈은 화들짝 놀라 미적거리고 있던 자신의 연구를 계획보다 더
빨리 정리해 발표했다. 그래서 오늘날 사람들은 자연 선택에 의한
진화론을 다윈의 이론이라고만 알고 있지, 월리스의 이론이라고 생

각하지 않는다. 하지만 그래도 월리스는 그 시대에 최고의 박물학자 중 한 명이었고, 해양 생태계의 가장 놀라운 특징을 최초로 지적한 사람이었다. 그 특징은 물속의 풍경을 만들어내는 주인공이 동물이 라는 것이다.

물속에 잠긴 도시

만약 500m 깊이까지 잠수할 수 있었더라면, 월리스는 동물의 숲이 더욱 기묘하다는 사실을 알아챘을 것이다. 캄캄하고 깊은 이곳 물속 에 SF 작품에나 나올 법한 도시가 펼쳐져 있다. 경이로운 유리해면 은 스펀지보다는 우주 정거장을 닮았다. 투명한 원기둥과 섬세하게 조립된 들보, 가시 모양의 결정으로 뒤덮인 우산 모양의 탑, 레이스보다 더 규칙적인 격자 아치들……. 이 동물들은 심해의 가장자리에 그들의 미래 도시를 세운다.

육방해면강에는 500종 이상의 해면이 포함돼 있다. 육방해면은 약 5억 년 전부터 전 세계의 바다에서 살아왔는데, 건축 기술은 가장 현대적인 건축가보다 훨씬 뛰어나다. 무엇보다도 육방해면은 건축 재료인 유리를 직접 합성해 만든다. 자신의 몸을 이루는 골격은 실리카(이산화규소)가 주성분인 유리로 이루어져 있는데, 이것은 유리창과 병의 재료와 똑같다. 하지만 인간 유리 제조공은 $1000°C$의 용광로에서만 이 물질을 만들 수 있는 반면, 해면은 온도가 낮은 해저에서 순전히 화학적 방법으로 유리를 생산한다. 그래서 이 유리는 에너지 비용이 아주 낮을 뿐만 아니라, 그보다 더 좋은 장점이 있는데 품질이 아주 좋다. 유리 기둥은 양파 껍질처럼 겹겹이 쌓인 동심원 층들로 이루어져 있어 놀랍도록 강하다. 그다음에는 기둥들이 교차하면서 격자 모양으로 조립되는데, 빈 창문과 더 작은 가로대들로 이루어진 창문이 엇갈려 교차하는 형태로 배열되어, 매우 복잡한 고리버들 세공 바구니처럼 보인다. 그 결과로, 단단하고 부서지기 쉬운 재료인 유리로 만들어졌는데도 매우 유연한 해면이 탄생한다!

게다가 구멍들과 창문들의 배열은 물의 마찰을 줄여 해면의 구조는 유체역학까지 잘 활용한 건축물이라 할 수 있다. 그리고 이것은 해면 내부에 소용돌이치는 물의 흐름을 만들어, 물을 여과해 먹이를 섭취하는 해면에게 플랑크톤을 잘 공급한다.

건축의 경이라고 부를 만한 해면은 서로를 강화하는 방식으로 들러붙어 산호초 구조를 만드는데, 거대할수록 더욱 견고해진다. 캐나다 서해안에서는 높이가 20m 이상인 유리해면 산호초가 발견되었는데, 이것은 6층 건물과 비슷한 높이이다!

광섬유와 같은 구조

유리해면의 유리는 놀라운 성질이 또 한 가지 있는데, 양파 껍질 같은 구조 때문에 빛을 안내해 잘 나아가게 한다. 광학적으로 보면, 해면은 살아 있는 복잡한 광섬유 네트워크나 다름없다. 해면을 이루는 각각의 막대는 텔레커뮤니케이션 시스템에 쓰이는 광섬유와 정확하게 똑같은 방식으로 빛을 전달한다. 해면이 여기서 어떤 이득을 얻는지는 아직 정확하게 밝혀지지 않았다. 얕은 물에서 사는 종들의 경우, 자신의 골격 안에서 살아가게 하는 미소 조류에게 빛을 환하게 비추는 데 도움이 될 수 있다. 혹은 나중에 보겠지만, 자신에게 아주 유용한 새우를 끌어들이는 데 도움이 될 수도 있다.

사랑의 감옥

해면이 제공하는 아파트에 해로새우가 들어와 사는 경우가 많다. 이 임차인은 임대인과 공생 관계로 살아가는데, 보호 거처를 제공받는 대가로 해면에게 청소 서비스를 제공한다. 해로새우는 아주 어릴 때부터 짝을 이루어 해면 속으로 들어와 함께 산다. 몸길이는 겨우 수 밀리미터에 불과해 거처인 유리 바구니 구멍을 통해 손쉽게 드나들 수 있다. 하지만 시간이 지나면 벽에 쌓이는 찌꺼기를 계속 먹다가 몸무게가 점점 불어나…… 해로새우 부부는 결국 해면 속에 갇히게 된다! 몸집이 너무 커져서 밖으로 빠져나갈 수 없게 된 새우 부부는 이제 평생을 그 속에서 함께 갇혀 지내야 한다. 임차인의 낭만적인 운명 때문에 유리해면은 비너스의 바구니라는 별명을 얻게 되었고, 일본에서는 영원한 사랑의 상징으로 통한다.

　해면은 해로새우의 사랑보다 더 영원한 면모를 보여주는데, 시 간의 흐름에 거역하려고 한다. 해면은 수명이 가장 긴 생물로 알려

져 있다. 1만 1000년 이상 산 해면도 발견되었다. 우리 문명보다 더 오래된 뿌리 부분의 층에는 빙하기가 끝난 흔적이 남아 있으며, 그와 함께 그동안 겪은 모든 기후 사건의 흔적이 깊은 물속에 남아 있다.

생명의 역사

월리스와 그의 이론에 경의를 표하기라도 하듯이, 해저를 뒤덮고 있는 동물의 숲은 진화의 역사를 펼쳐진 책처럼 보여준다.

사실, 해저에 고정된 이 동물상을 이루고 있는 동물들 중에는 가장 초보적인 것에서부터 가장 정교한 것에 이르기까지 동물계의 모든 복잡성 단계를 대표하는 종들이 포함돼 있다. 이들은 모두 다소 비슷해 보이고, 모두 돌에 붙어 살아가지만, 실제로는 동물계 나무의 아주 다양한 가지들에 속한다. 예컨대 잠수부가 물속에서 나란히 돌에 붙어 있는 멍게(우렁쉥이)와 해면을 보면 겉모습이 너무나도 비슷해 둘을 구별하지 못할 수 있지만…… 이 둘은 세균과 말만큼 차이가 크다. 그리고 그 차이는 생물의 진화 이야기를 들려준다.

해면은 동물계에서 대체로 가장 단순한 동물에 속한다. 해면은 단세포 생물에서 다세포 생물이 진화하던 시절의 먼 우리 조상만큼 원시적인 존재이다. 해면은 뇌도 근육도 소화계도 없다. 기관도 없고 분화된 조직도 없으며, 그저 세포들의 집단에 불과하다. 하지만 그래도 해면은 동물이다. 다른 생물을 잡아먹고 살며, 유성 생식을 하고, 움직이기도 한다(유생은 헤엄을 치며, 어른은 물을 여과한다). 다만, 그 움직임은 각 세포 단계에서 독립적으로 일어나며, 몸 전체가 협응하는 방식으로 일어나지 않는다. 기능이 이렇게 초보적이라고 해서 해면이 섬세한 형태를 발달시키지 못하는 것은 아닌데, 산호초에 작은 탑이나 원형 경기장처럼 거대한 구조를 만들어낸다.

해면 중에서도 유리해면은 특별한 위치를 차지한다. 사실, 유리해면은 내부 신호 전달 체계의 초보적인 형태를 갖추고 있다. 몸속에서 전달되는 전기 자극은 세포들에게 명령을 전달할 수 있다. '생각'의 시작에 해당하는 이 특징은 매우 오래된 생명체들 중에서는 오직 해면에서만 볼 수 있다.

복잡성의 증가

물속에서 진화의 역사를 계속 탐구하다 보면, 동물의 숲에서 산호와 말미잘을 만나게 된다. 이 동물들은 생명의 복잡성 면에서 본다면 해면보다 한 단계 위에 위치하고 있다. 이들은 해파리와 함께 자포동물에 속한다. 이들은 해면과 달리 분명히 구분된 내부와 외부가 있으며, 분화된 조직도 있다. 이 조직들은 주머니 모양의 소화계와 단 하나의 입구(출구 역할도 함께 하는)만 가진 폴립이라는 구조를 만든다. 초기 신경계를 보여주는 구조도 있지만, 뇌는 없다. 자포동물은 여전히 아주 단순하다.

겉모습이 산호와 아주 비슷한 태형동물도 자주 만날 수 있다. 태형동물은 영어로 bryozoan이라고 하는데, '이끼동물'이란 뜻의 그리스어에서 유래했다.(그래서 태형동물을 이끼벌레라고도 한다.) 하지만 태형동물은 이끼 모양만 있는 게 아니라, 막대 모양, 부채 모양, 양탄자 모양도 있다. 태형동물은 자포동물과 달리 대칭적인 왼쪽 부분과 오른쪽 부분이 있다. 소화계는 단순한 자루에 불과한 게 아니라, 입구와 출구가 따로 있는 관으로 이루어져 있다. 추가로 더 정교하게 발전한 부분도 있는데, '뇌 모양 신경절cerebral ganglion'이라는 구조가 있다. 비록 초보적이긴 하지만 분명히 뇌의 한 형태이다.

우리와 비슷한 생명 형태에 점점 가까이 다가가고 있다. 고착 생활을 하는 동물들 중에서 우리와 가장 가까운 동물은 멍게인데, 겉모습은 말미잘과 비슷하지만 실제로는 척추동물과 사촌 관계에 있다. 그 내부는 우리와 거의 비슷하다. 멍게는 다음 장에서 자세히 다룰 것이다.

산호초에서 헤엄을 치는 것은 가장 원시적인 것에서부터 더 정교한 것에 이르기까지 기묘한 생명 형태들을 만나면서 시간 여행을 하는 것과 같다. 하지만 주의할 게 있는데, 해면 같은 생물이 다른 생물보다 진화가 덜 되었다고 생각하면 잘못이다. 해면은 지구의 역사에서 일찍 나타난 생명의 가지를 당당히 차지하고 있다. 오늘날의 해면은 오늘날의 사람과 앨버트로스와 갯가재와 마찬가지로 약 38억 년 전에 생명이 출현하면서 시작된 진화 과정을 동일하게 거친 결과물이다. 즉, 모든 종은 각자 자신의 환경에 잘 적응한 결과물이며, 가장 '오래된' 종은 겉모습만 '살아 있는 화석'처럼 보일 뿐이다. 9부에서 먼 과거의 다른 증인들을 만날 것이다(328쪽 참고).

작은 공생 관계에서 큰 섬까지

고착 생활을 하는 동물 종들의 장점은 많은 종과 협력해 공생 관계를 맺는 능력에 있다. 그래서 산호는 자신의 몸에 조류를 들러붙게 해 길러서 영양분으로 섭취한다. 해면은 광합성을 하는 남세균과 공생 관계로 살아가는데, 그러면서 이들은 호흡을 통해 소비하는 것보다 더 많은 산소를 배출한다. 동물의 숲을 이루는 동물들은 바위에 고착된 채 살아가면서 다른 생물이 들러붙어 살아갈 수 있는 기반이 되기도 한다.

이 살아 있는 돌들의 골격은 주로 석회질로 이루어져 있는데, 열대 초호에서 흔히 볼 수 있는 흰 모래 해변은 바로 이들의 골격이 주요 재료이며, 몰디브 제도를 비롯해 많은 제도는 이들의 기반 위에 세워져 있다.

피낭동물

나무 튜닉을 입은 사촌

이들은 동물보다는 자루나 조약돌 또는 젤리와 더 비슷해 보인다. 그 몸은 나무로 되어 있고, 꼬리도 머리도 없다. 그런데도 이들은 우리의 사촌이다!

친족 모임을 좋아하는가? 주말에 이 모임에 참석해 긴 식사를 하는 동안 있는 줄도 몰랐던 먼 친척을 만나기도 한다. 그런데 잠수 마스크나 스노클을 쓴다면 더욱 먼 친척을 만날 수 있다. 물속에서 우리는 온갖 갈래의 친척을 만나는데, 개중에는 수십억 년 동안 알려지지 않았던 친척도 있다.

친척 생물 앨범에서 고래류가 우리와 가까운 사촌이라는 사실은 금방 알 수 있다. 고래는 우리와 같은 포유류이기 때문에 우리는 그들을 기꺼이 친족 모임에 초대하려고 한다. 거실 공간에 여유가 있다면, 조금 먼 친척인 조류와 해양 파충류도 초대할 수 있다. 심지어 어류까지도 초대할 수 있는데, 어류 역시 우리의 가까운 친척이다. 한때 우리 모두의 공통 조상은 물고기였다.

그런데 어류를 초대하고 나서 아직 초대장이 남았다면, 누구를 더 초대해야 할까? 지구에 존재하는 수많은 무척추동물 중에서 누가 척추동물인 우리에게 가장 가까울까?

문어나 바닷가재를 생각할 수도 있는데, 이들은 우리처럼 복잡하고 지능이 높기 때문이다. 하지만 이들은 가족처럼 보이는 가면을 쓰고 있을 뿐이다. 계보를 따진다면, 이들은 우리와 공통점이 많지 않다. 문어는 연체동물이어서 척추동물보다는 조개와 더 가깝다. 바닷가재는 절지동물이어서 곤충과 더 가깝다. 척추동물과 가장 가까운 친척은 피낭동물이다. 피낭동물은 괴상하게 생겼고, 친족 모임에 참석한 적도 거의 없다. 그렇다면 이번 기회에 서로를 잘 알아보는 게 좋지 않을까?

친척과 거리가 먼 외모

겉모습만 놓고 본다면, 피낭동물은 우리와 전혀 닮지 않았다. 피낭동물은 친족들끼리도 서로 닮은 데가 없어 보인다. 어떤 피낭동물은 비닐봉지처럼 생겼는가 하면, 다른 피낭동물은 산호나 해면, 해파리를 연상시키는 모습을 하고 있다. 요컨대 이들은 전혀 척추동물처럼 보이지 않는다. 하지만 겉모습만 보고 속단해서는 안 된다.

내부를 들여다보면 피낭동물은 우리와 아주 비슷하다. 내부 구조가 우리와 비슷하며, 우리와 동일한 기관들을 갖고 있다. 심장이 뛰는 순환계, 발달한 신경계, 위와 창자가 있어 우리와 비슷한 소화

계, 근육 등을 비롯해 피낭동물의 내부 기관들은 우리의 기관들과
똑같이 기능한다! 우리가 사촌이라는 사실은 의심의 여지가 없다.
그런데 어떻게 하여 이들은 이토록 다른 모습으로 진화했을까?

처음에는 올챙이 같은 모습

우리와 피낭동물의 친척 관계는 그 유생을 보면 명확해진다. 막 태
어난 유생은 올챙이와 같은 모습이다. 여느 올챙이처럼 둥근 머리에
파닥거리는 꼬리가 달려 있는데, 꼬리를 파닥여 앞으로 나아가는 추
진력을 얻는다. 그리고 꼬리 안에는 일종의 척수인 척삭이 있는데,
척삭은 원시적인 형태의 척추라고 할 수 있다. 19세기 말에 관찰을
통해 그 유생이 작은 척추동물임이 확인되면서 피낭동물이 척추동
물과 가장 가까운 친척이라는 사실이 밝혀졌다. 게다가 피낭동물은
미삭동물尾索動物, Urochordata이라고도 부르는데, 그리스어로 '꼬리'와
'밧줄'을 뜻하는 단어를 결합해 만든 이름이다.

피낭동물 유생이 올챙이 모습으로 사는 삶은 오래 가지 않는다.
몇 시간 또는 며칠 동안 바다에서 물고기처럼 헤엄을 치며 자유롭게
산 뒤에 변태를 한다. 이때 아주 큰 변화가 일어나는데, 몸 전체가
거꾸로 뒤집힌 형태로 변하면서 기이한 삶을 살아가기 시작한다.

작은 세계

피낭동물은 크게 해초강, 탈리아강, 유형강의 세 범주로 나눌 수 있는데, 세 범주는 서로 아주 다르다.

해초강은 2000종 이상이 있어 셋 중에서 가장 다양한 종을 포함하고 있다. 해초강을 영어로 ascidian이라고 하는데, '작은 가죽 자루'란 뜻의 그리스어에서 유래했다. 겉모습은 무엇과 아주 비슷하냐 하면…… 한쪽 소매가 없는 스웨터와 비슷하다. 그 구조는 구멍이 2개 뚫린 자루와 같다. 한쪽 구멍은 입과 같은 기능을 해 영양분과 물을 빨아들이고, 다른 구멍은 흡수한 물과 거기에 딸린 모든 것을 내보내는 기능을 한다.

해초강 동물(멍게와 미더덕을 포함하는)은 돌이나 부교, 방파제 등에 들러붙어 고착 생활을 한다. 막 태어난 유생은 연약한 올챙이 같은 모습이고, 자유롭게 헤엄치며 돌아다닌다. 하지만 하루가 채 지나기도 전에 유생은 적절한 기반을 찾아 들러붙는다. 그러면서 이 작은 동물은 몸이 부풀어오르고 꼬리가 사라지며 기묘한 모양의 자루가 되어 평생 동안 돌에 들러붙어 물을 여과하면서 살아간다.

종에 따라 홀로 살아가기도 하고 다소 조직적인 군집을 이루어 살아가기도 한다. 사회성이 매우 좋은 종들은 주근走根, stolon을 통해 서로 연결되는데, 주근은 클론 개체가 새 감자처럼 돋아나는 일종의 줄기이다.

이들은 돌에 붙어서 살아가기 때문에 포식자의 공격을 피해 달아날 수가 없다. 하지만 그것은 별 문제가 되지 않는데, 누가 자신을 조금 뜯어먹더라도 그 부분이 즉각 자라나 원상을 회복하기 때문이다. 모든 기관을 재생하는 이 놀라운 능력은 유망한 연구 주제로 떠오르고 있다.

하지만 해초강 동물도 도저히 어떻게 할 수 없는 포식자가 있으니, 바로 인간이다. 일부 해초강 동물은 해산물 애호가 사이에서 인기가 아주 높다. 지중해 수산 시장에서 흔히 볼 수 있는 멍게가 바로 그런 예이다. 주의할 게 있는데, 멍게가 모든 사람의 입맛에 맞지는 않다. 멍게는 쓴맛이 강하고, 깨물 때 사방에 물이 튄다. 하지

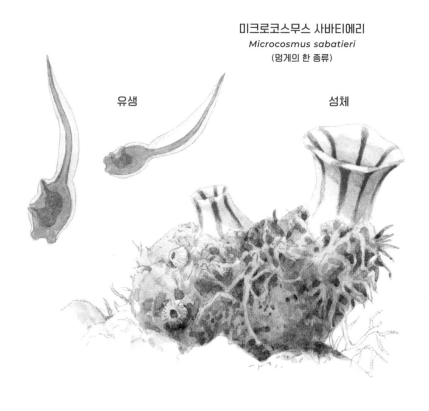

미크로코스무스 사바티에리
Microcosmus sabatieri
(멍게의 한 종류)

유생   성체

만 자연에 호기심이 많은 사람이라면 한번 도전해볼 만한 가치가 있다. 멀리서 보면 멍게는 자신이 사는 주변의 돌들과 잘 구별되지 않는다. 돌에 들러붙은 채 전혀 움직이지 않기 때문에, 온갖 종류의 생물이 멍게의 몸을 뒤덮는다. 조류, 조개, 유공충을 비롯해 심지어 더 작은 해초강 동물도 그 표면에서 자란다. 앞서 나왔던 장식가 게보다 위장 능력이 더 뛰어나 보인다. 그래서 멍게는 라틴어로 미크로코스무스Microcosmus, 즉 '작은 세계'란 별명이 붙었다.

젤리 화환

아마도 당신은 해변에서 또 다른 피낭동물을 만난 적이 있을 것이다. 봄이 되면 가끔 젤라틴질 공들이 해변으로 밀려온다. 아주 투명한 수천 개의 공이 파도에 실려와 기다란 화환처럼 모래 위에 쌓인다. 이것들은 해파리가 아니라 피낭동물인데, 그중에서도 탈리아강에 속한다.

탈리아강은 해초강과 달리 물속에서 자유롭게 돌아다닌다. 하지만 이들 역시 다 자라면 유생 시절의 올챙이 모양이 사라진다. 이들은 구슬이나 전구 같은 모양을 하고 있다. 탈리아강은 크게 세 범주로 나뉘는데, 홀로 살아가는 환근목, 항상 군체를 이루어 살아가는 화체목, 단독 생활과 큰 군체를 이루어 사는 단계를 반복하는 살파목이 있다. 군체를 이루어 살아갈 때, 탈리아강은 '개충個蟲, zooid'들이 서로 들러붙은 뗏목이 되는데, 이것은 파란 함대(91쪽 참고)를 이루는 선원들과 다소 비슷하다. 이 초개체는 기록적인 크기에 이르는데, 어떤 것은 길이가 20m를 넘는 관의 형태를 이루기 때문에 용감한 잠수부라면 터널 같은 그 속으로 들어갈 수 있다.

탈리아강의 생활 방식, 특히 생식 방법은 상상을 초월할 정도로 복잡하다. 그 생활사를 자세히 설명하려면 책 한 권을 가득 채우고도 남을 텐데, 아직 우리는 탈리아강의 비밀스러운 삶을 전부 다 밝혀내지도 못했다. 이들 개체는 무성 생식을 통해 자신을 복제하는 단계가 있는데, 줄기에서 싹이 돋아나듯이 주근에서 새로운 개체가 생겨난다. 그러고 나서 일부는 유성 생식을 한다. 일반적으로는 자웅동체로, 때로는 홀로, 때로는 집단으로 생식을 한다. 이들의 단황란端黃卵(난황[노른자위]이 알의 한쪽 가장자리에 치우쳐 있는 알)을 오조이드oozoid, 블라스토조이드blastozoid, 스톨로니얼 스트로빌stolonial strobile(주근 구과)이라고 부르기도 하는데, 바다 동물보다는 〈스타 워즈Star wars〉에 등장하는 인물들을 연상시키는 단어들이다.

어쨌건 이 생식 방법은 효율적이다. 탈리아강 동물들은 조건이 맞으면 바다 표면에서 아주 빠른 속도로 번식한다. 이들은 대기 중의 탄소를 제거하는 데에도 중요한 역할을 한다. 이들은 67쪽에 나왔던 크릴처럼 수면에서 식물 플랑크톤을 잡아먹고 깊은 바닷속으로 내려가 소화시킨다. 따라서 그 배설물과 거기에 포함된 탄소는 깊은 바닷속에 갇히게 되고, 그만큼의 탄소가 대기 중에서 사라진다!

영원히 아이의 모습으로

모든 피낭동물은 올챙이의 형태로 태어나지만, 세 번째 범주인 유형강은 평생 동안 그 형태를 그대로 유지한다. 유형강은 사촌인 해초강이나 탈리아강과 달리 부분적인 변태만 하고, 어른이 되고 나서도 머리와 꼬리를 그대로 유지한다. 이렇게 어느 단계에서 신체의 성장이 멈추는 성장 방식을 유형 성숙幼形成熟, neoteny이라고 부른다. 어른이 되길 거부하는 피터 팬처럼 유형강 동물은 어른이 되어도 어린 시절의 특징이 그대로 남아 있다. 유형강이란 이름은 바로 이 유형 성숙에서 유래했다.

유형강 동물은 이리저리 떠돌아다니는 어부이다. 올챙이의 몸길이는 0.5cm를 넘는 경우가 드물지만, 셀룰로스로 근사한 집을 만들어 그 안에 들어가 사는데, 집의 크기는 긴 쪽의 길이가 30cm에 이르기도 한다. 이 오두막집에는 촘촘한 그물이 갖춰져 있어 이 그물로 먹이를 잡는다. 이것은 그냥 평범한 그물이 아니라, 모든 어부가 꿈꾸는 그물이다. 그물눈은 너무 작은 먹이는 그냥 지나가게 하고 입으로 삼키기에 너무 큰 먹이는 자동으로 차단할 만큼 적절한 크기를 갖고 있다! 그래서 우리 올챙이는 자신의 식성에 가장 적합하고 '한입에 딱 들어갈 만한 크기의' 식물 플랑크톤 조류만 잡는다.

아마 당신은 유형강 동물과 함께 수영을 자주 했으면서도 그 사실을 알아채지 못했을 것이다. 그럴 수밖에 없는 것이 이들은 몸이 완전히 투명해 바닷물 속에서는 보이지 않는다. 그 집과 그물이 끈적끈적한 플랑크톤 입자로 뒤덮여 더러워졌을 때에만 우리 눈에 띈다. 하지만 이 단계는 오래 가지 않는다. 유형강 동물은 집을 아주 빨리 바꾼다. 집이 더러워지면 즉각 버리고 새 집을 다시 짓는데, 하루에 열 번까지 지을 때도 있다. 유형강 동물은 수명이 수 주일밖에 안 되지만, 일회용 집을 미친 듯이 빠르게 짓는 속도 때문에 대기 중의 탄소를 바닷속에 저장하는 데에도 적지 않게 기여한다. 버린 집은 항상 '바다눈'이 되어 깊은 바닷속으로 내려간다.

유형강 동물

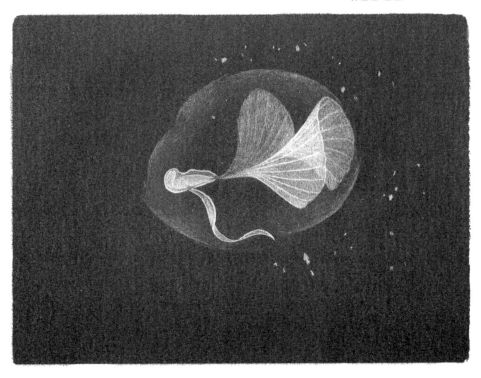

나무로 만든 튜닉

살파강이나 해초강, 유형강 동물을 보면, 그 몸을 이루는 물질에 깜짝 놀라게 된다. 때로는 젤라틴으로, 때로는 그물로, 때로는 나무처럼 단단한 층으로, 때로는 유연하면서도 질긴 일종의 천으로 이루어져 있다. 이 튜닉(피낭동물을 영어로 tunicate라고 하는데, 이 단어는 튜닉tunic에서 유래했다)의 재료는 항상 동일한 중합체인데, 그것은 이 책의 재료와 같은 셀룰로스이다. 셀룰로스는 나무의 주요 구성 성분이다. 자연계에서 셀룰로스는 일반적으로 식물만 만드는데, 동물계에서 셀룰로스를 합성하는 법을 아는 존재는 피낭동물이 유일하다.

이 능력은 너무나도 독특해 과학자들은 피낭동물이 진화 과정에서 스스로 발전시킨 것이라고 생각하지 않는다. 아주 오래전부터 그 능력을 가지고 있던 세균을 통해 셀룰로스를 만드는 유전자가 직접 피낭동물에게 전달되었을 가능성이 높다. 서로 아주 다른 종들 사이에 이러한 '수평적 유전자 이동'이 일어나는 일은 드물지만, 이것은 진화적으로 아주 중요한 의미가 있다. 그 정확한 메커니즘은 아직 밝혀지지 않았지만, 바이러스가 매개자 역할을 하면서 세균의 유전자가 피낭동물의 DNA 속으로 이동하는 과정에 개입했을 가능성이 있다.

어쨌든 이 과정은 생물들이 생명의 나무에서 가까운 관계에 따라 질서정연하게 배열돼 있는 게 아니며, 아주 먼 가지들 사이에서도 종들이 서로를 변화시키고 유전 정보를 공유하는 일이 일어날 수 있다는 것을 분명히 보여준다. 다음 친족 모임에 누구를 초대해야 할지 판단하기가 더 어렵게 되었다!

9부

불굴의 생명

물리학 법칙을 거스르는 생명

물리학자의 관점에서, 생명이란 평형 상태에서 벗어나 자신을 유지하는 계이다. 살아간다는 것은 물질의 자연스러운 작용과 흐름에 저항하는 것인데, 물질은 끊임없이 평형에 도달하려고 한다. 물체는 떨어지고, 열은 흩어지며, 화학 반응은 중화된다. 하지만 살아 있는 존재는 정반대의 행동을 보인다. 마치 주변 환경의 흐름에 끊임없이 저항하는 것이 생명의 목적인 것처럼.

생명이 세계의 법칙을 거스르며 위태위태한 상태에 있는 자신을 유지하려면, 그 방법은 오직 한 가지밖에 없다. 끊임없이 에너지를 다른 형태의 에너지로 변화시키는 것이다. 이것이 비평형 상태를 유지하며 살아갈 수 있는 유일한 방법이다. 그리고 항상 더 많은 에너지를 효율적으로 활용하기 위해 생명은 성장하고 번식하고 진화해야 한다.

물리학 법칙이 우리에게 강요하는 안정 상태를 거스르는 이 싸움에서 어떤 동물들은 수천 년 동안 혹은 심지어 영원히 승리를 거둔다. 자, 이 생명의 챔피언들을 만나러 가보자.

프세우도케로스 디미디아투스
Pseudoceros dimidiatus

프세우도비케로스 풀고르
Pseudobiceros fulgor

프세우도케로스 비푸르쿠스
Pseudoceros bifurcus

프로스테케라이우스 비타투스
Prostheceraeus vittatus

티사노조온 니그로파필로숨
Thysanozoon nigropapillosum

편형동물

분할되지 않는 플라나리아의 기억

여름휴가 시즌이다. 방파제 위에서 할아버지와 손자들이 반짝이는 물을 향해 낚싯줄을 던진다. 아이들은 찌에 주의를 집중하지 않는데, 호기심과 시선을 끄는 동물이 따로 있기 때문이다. 그것은 바로 미끼이다. 빨간 종이 뭉치들 사이에 놓인 상자 속에서 꾸불꾸불한 고리 모양의 형체들이 뒤엉켜 꿈틀대고 있다. 그것들은 비비 꼬이고 매듭을 만들기도 한다. 마치 외계에서 온 생명체처럼 보인다. 한 아이가 결국 참지 못하고 머릿속에 맴돌던 질문을 던진다. "할아버지, 지렁이를 두 동강 내면, 지렁이가 두 마리 생기나요?" 그 답은 생각보다 훨씬 복잡하고 놀라운 것이다.

종류가 다양한 연충

엄밀하게 말하면, 동물분류학에서 '연충蠕蟲'이란 동물 집단은 없다.[프랑스어로 'ver', 영어로는 'worm'이란 단어는 흔히 지렁이나 벌레로 번역하지만, 딱히 지렁이만 가리키는 것도 아니고, 모든 벌레를 가리키는 것도 아니다. 벌레 중에서도 몸이 기다랗고 꿈틀거리며 기어다니는 종류를 뭉뚱그려 '연충'이라고 한다.─옮긴이] 사람들이 연충이라고 부르는 동물들이 있긴 하다. 하지만 이들은 몸이 기다랗고 꿈틀거린다는 것 말고는 공통점이 별로 없다. 계통을 따진다면, 서로 간에 연결 고리를 찾기가 어렵다. 사실, 서로 아무 관련이 없는 수많은 종이 뒤죽박죽 섞인 채 '연충'이라는 모호한 이름으로 뭉뚱그려 취급된다. 연충은 서로 아주 다른 20여 개의 문門, phylum에 걸쳐 퍼져 있다. 설령 해변에서 꿈틀거리며 기어다니는 갯지렁이나 낚시용품점에서 미끼로 파는 종류처럼 지렁이류에 한정한다 하더라도, 줄별벌레 같은 성구동물과 갯지렁이 같은 환형동물 사이의 차이는 사람과 불가사리 사이의 차이만큼이나 크다!

사실, 연충의 종류가 그토록 다양한 것은 당연한 일이다. 연충의 신체 형태는 헤엄을 치거나 기어가거나 구멍을 뚫기에, 즉 모든 환경에서 쉽게 이동하기에 아주 이상적이기 때문이다. 그리고 이 형태는 진화에서 맞닥뜨리는 문제들에 아주 간단한 해결책을 제공한다. 연충이 지구를 정복하러 나선다면, 굳이 팔다리나 골격 또는 그 밖의 복잡한 발명을 발달시킬 필요가 없다. 아주 많은 문門, phylum과 생태계에서, 이 종류의 동물이 그토록 큰 성공을 거둔 비결이 여기에 있다.

연충은 도처에 존재한다. 일 년 내내 기온이 영하인 알래스카의 빙하 꼭대기에서부터 아주 뜨거운 심해 열수 분출공(145쪽 참고)에 이르기까지 온갖 곳에서 발견된다. 최악의 악몽에 등장할 만큼 소름 끼치게 생긴 연충이 있는가 하면, 아주 아름다운 꽃보다 더 아름다운 연충도 있다. 가장 작은 연충은 너무나도 작아서 그 모든 세포를 하나하나 지도로 작성하는 데 성공하기까지 했다. 가장 큰 것은 버마비단뱀보다 더 길다. 수많은 종 중 대다수는 정원의 지렁이처럼 몸이 두 동강 났을 때 신체를 재생하는 능력이 있지만, 주요 기관이 있는 쪽의 몸만 재생된다. 하지만 그중에서도 가장 원시적이고 기이한 문門, phylum에 속한 종들은 훨씬 나은 재생 능력을 보여준다.

몸이 납작한 연충

편형동물문에 속한 종은 지금까지 약 1만 종이 확인되었다. 그중 일부는 기생충인데, 대표적인 예로는 끔찍한 촌충과 무시무시한 간디스토마가 있다. 많은 종은 무해하고 아름다운 수생 동물인 와충류渦蟲類에 속한다. 편형동물은 아주 단순한데, 상상 가능한 것 중 가장 단순한 동물이다. 몸은 반죽 밀대로 누른 듯이 균일한 케이크 반죽처럼 생겼고, 구멍이나 기관도 전혀 없다. 대다수 편형동물은 입과 항문의 역할을 겸한 구멍이 하나만 있고, 소화관은 내부로 뻗은 일종의 자루에 불과하다. 대체로 편형동물의 신체 구조는 이게 전부이다. 편형동물의 몸에는 빛이 오는 방향만 감지할 수 있는 눈, 생식세포, 기초적인 뇌를 제외하고는 그다지 말할 만한 게 없다. 편형동물은 그 밖의 것을 가질 필요를 전혀 느끼지 못하는데, 그 이유는 바로…… 몸이 납작하기 때문이다.

몸을 자유자재로 접는 편형동물

납작한 몸은 동물에게 엄청난 가능성을 제공한다. 편형동물은 납작한 형태 때문에 외부 세계와 접촉하는 표면적이 아주 넓다. 그 덕분에 많은 요소를 생략할 수 있다. 예를 들면, 호흡을 할 필요가 없는데, 넓은 표면을 따라 산소가 저절로 확산한다. 따라서 거추장스러운 호흡계가 필요 없다. 심장이나 순환계도 필요 없다. 각각의 세포는 외부와 가까워, 산소와도 가깝다. 촉수나 날개나 다리도 필요 없다. 편형동물은 단순히 자신의 몸을 접음으로써 원하는 형태로 변할 수 있다. 마치 살아 있는 종이접기 동물처럼 말이다. 많은 편형동물은 뿔 모양의 돌기가 있는데, 꽃 모양으로 돋아난 이 큰 뿔을 보고서 잠수부들은 탄성을 지른다. 사실, 이것은 납작한 표면이 정교하게 접힌 것일 뿐이다. 그런데 편형동물은 만지지 않도록 주의하라. 편형동물은 물에 적신 화장지처럼 아주 연약하다. 살짝 만지기만 해도 찢어질 수 있다.

물속으로 잠수하면, 피낭동물(293쪽 참고) 근처에서 편형동물을 자주 볼 수 있는데, 피낭동물은 편형동물이 좋아하는 먹이이기 때문이다. 위협을 느끼면 몸을 납작하게 해 바닥에 바싹 붙인다. 편형동물은 몸이 아주 가늘어서 바위에 난 아주 작은 구멍에도 쉽게 들어갈 수 있으며, 거기서 침낭을 접듯이 몸을 완전히 접어 사라진다.

엽기적인 짝짓기 행동을 보이는 편형동물

납작한 형태 때문에 편형동물은 아주 단순하고 심지어 모든 면에서 약간 지루하기까지 하지만, 번식 행동만큼은 아주 다르다. 자식을 얻기 위해 편형동물은 아주 기이한 행동을 보인다.

편형동물은 기본적으로 자웅동체(암수한몸)이다. 모든 개체는 난소와 정소를 모두 갖고 있으며, 그것들은 몸 전체에 흩어져 있다. 게다가 편형동물은 주사기처럼 생긴 음경도 갖고 있다. 그 용도는 파트너의 몸속에 정자를 주입하기 위한 것이다. 그래서 두 편형동물

편형동물인 두 프세우도비케로스 항코카누스
*Pseudobiceros hancockanus*가 엄마와 아빠를 결정하기 위해 음경을 휘두르며 치열한 결투를 벌이는 장면.

이 짝짓기를 하기 위해 만나면 딜레마가 발생한다. 누가 아빠 역할을 맡고 누가 엄마 역할을 맡아야 할까? 당연히 둘 사이에 합의가 순탄하게 이루어지지 않는다. 아빠는 짝짓기가 끝난 후 자유로운 새처럼 훌훌 돌아다닐 수 있지만, 엄마는 새끼를 몸속에 품고 길고 힘든 임신 기간을 보내야 한다. 그래서 누가 아빠가 될지를 결정하기 위해 둘은 결투를 벌이는데…… 자신의 생식기를 무기처럼 휘두르며 결투를 벌인다! 주사기 같은 음경을 칼처럼 휘두르며 격렬한 싸움이 벌어진다. 패자는 불운을 감수해야 한다. 먼저 찔리는 쪽이 상대방의 정자를 주입받아 수정되면서 엄마가 된다. 승자는 아빠가 되어 임신을 피할 수 있고, 또 다른 결투를 하러 떠난다.

토막을 낼 때마다 새로 생겨나는 개체

편형동물은 '아주 괴상한' 유성 생식 외에 또 다른 번식 방법이 있다. 바로 분할이다. 여기서 우리가 어린 시절에 지렁이에 대해 품었던 질문에 대한 답이 아주 섬뜩한 것으로 변해 나타난다. 많은 편형동물 종은 몸을 둘로 자르면, 둘 다 잘린 부분이 다시 자라난다!

　　편형동물 중에서도 작은 와충류인 플라나리아는 특히 재생 능력이 뛰어나다. 플라나리아를 둘로 자르면, 머리가 있는 토막에서는 꼬리가 자라나고, 꼬리만 있는 토막에서는 머리가 자라난다. 2주일이 지나면, 서로의 완전한 클론인 플라나리아 두 마리가 생긴다. 만약 세 토막을 내면 어떻게 될까? 세 토막은 제각각 완전한 플라나리

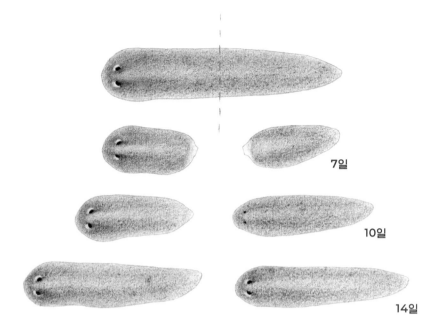

7일

10일

14일

―――
플라나리아의 한 종인 슈미테아 메디테라네아 *Schmidtea mediterranea*를
토막 내면, 각각의 토막에서 정확하게 똑같은 클론이 생겨난다. 그리고 각각
의 새로운 개체는 원래 개체의 기억을 그대로 갖고 있다.

아로 재생되는데, 심지어 머리도 꼬리도 없는 토막도 완전한 플라나
리아가 된다. 그래서 완전히 똑같은 플라나리아 세 마리가 생긴다.
그렇다면 당연히 더 많은 토막으로 잘라 그 결과를 보고 싶은 충동
이 생긴다. 1898년에 생물학자 토머스 모건Thomas Morgan이 바로 그런
실험을 했다. 모건은 플라나리아를 276토막으로 잘랐고, 플라나리아
276마리를 얻었다. 한번 상상해보라. 이것은 내 몸을 276분의 1만큼
잘라낼 때마다 거기서 다시 나와 똑같은 클론이 생겨나는 것과 같
다. 그렇다면 손톱을 깎을 때마다 몹시 성가신 일이 벌어질 것이다.

헤라클레스는 잘라도 머리가 다시 자라나는 레르나의 히드라와

싸우면서 불평을 했을 것이다. 하지만 플라나리아와 싸워본 적이 있었더라면, 그런 불평은 나오지 않았을 것이다.

편형동물의 이러한 재생 능력은 온갖 형태의 조직으로 분화할 능력이 있어 어떤 기관도 만들 수 있는 줄기세포인 신성세포neoblast에서 나온다.

머리는 잊어라

편형동물의 재생 이야기가 무시무시한 공포 영화 시나리오로는 조금 부족해 보이는가? 생물학자들은 이보다 더 섬뜩한 현상을 발견했다. 플라나리아를 토막 냈을 때, 거기서 생겨난 클론들에게 토막 내기 전의 개체가 가졌던 기억이 그대로 남아 있었다.

매사추세츠주 터프츠대학교 연구팀은 편형동물을 미로에서 먹이를 찾도록 훈련시킨 뒤에 여러 토막을 내면 각 토막에서 다시 자라난 개체들이 미로에서 먹이를 찾는 법을 이미 알고 있다는 사실을 발견했다! 이것은 머리를 조금도 포함하지 않은 토막이나 꼬리 부분에서 자라난 개체도 마찬가지였다. 플라나리아의 기억이 어디에 저장되는지는 아직 아무도 모른다. 추측하건대 기억이 뇌 밖에 저장되고 동시에 몸 전체에 퍼지는 것으로 보인다. 이 작은 편형동물은 어떤 의미에서 우리보다 훨씬 이전에 정보를 온라인으로 클라우드에 저장하는 방법을 발명했다고 볼 수 있다.

어쨌든 이 장을 쓸 때 컴퓨터가 고장이 나는 바람에 나는 썼던

원고를 몽땅 날렸을까 봐 무척 걱정했는데, 그런 한편으로 내가 플라나리아라면 이런 종류의 사고 따위는 전혀 신경 쓰지 않아도 될텐데 하는 생각이 들었다.

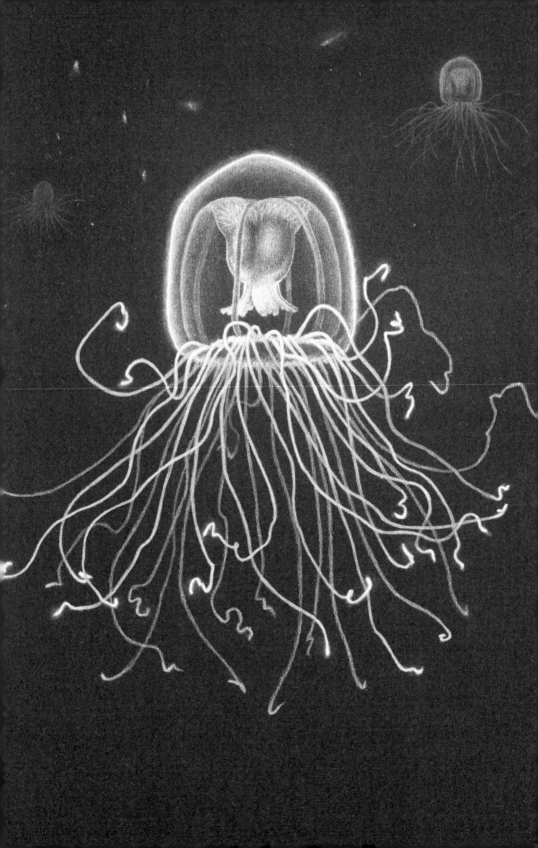

불사의 해파리

그리고 바다의 다른 므두셀라들

바닷물은 생명을 보존하는 능력이 있다! 바다에서 상어는 500
년을 살 수 있고, 바닷가재는 영원히 젊음을 유지하고, 심지어
해파리는 다시 젊어질 수 있다. 우리도 이 젊음의 샘으로 뛰어
든다면 어떻게 될까?

북극고래

이누피아트(알래스카 북부에 사는 원주민) 사람들은 오래전부터 고래
사냥을 해왔다. 이들은 물범 가죽으로 만든 카누를 타고 생존에 꼭
필요한 만큼만 사냥을 하는데, 일 년에 잡는 고래는 약 10마리에 불
과하다.

이누피아트는 북극고래가 얼마나 시간을 초월해 살아가는 존재
인지 이전부터 알고 있었다. 몸 색깔이나 흉터로 분간할 수 있는 일
부 북극고래는 수백 년에 걸쳐 여러 세대가 목격했고, 그 결과로 그
들의 전설에 포함되었다. 그들의 이야기에서는 이 고래가 250년을
살 수 있다는 사실을 모든 사람이 알고 있었다. 하지만 백인과 과학
자들은 이 이야기를 믿지 않았다.

과학자들을 설득하려면 공식적인 증거가 있어야 했다. 그런데 한 고래가 그 증거를 보여주었다. 2007년, 카누를 타고 고래 사냥에 나선 사람들이 북극고래를 잡았다. 소중한 식량을 준 이 동물에게 경의를 표하는 관습적인 기도를 한 뒤 공동체 사람들에게 지방을 나누어주려고 할 때, 지방 속에 박혀 있던 기묘한 물체가 발견되었다.

　　도시의 전문가에게 보내 분석한 결과, 그 물체는 아주 특별한 작살 촉으로 밝혀졌는데, 매사추세츠주에서 제작되어 1879년부터 1885년까지만 사용된 것이었다. 그러니까 이 고래는 약 140년 전에 겪었던 슬픈 기억의 흔적을 이때까지 몸속에 간직하고 있었던 것이다. 그런데 그 당시에 고래잡이들은 아주 큰 고래들만 잡았는데, 그런 고래들은 이미 나이를 상당히 먹은 개체들이었다. 그래서 전문가들은 즉각 정밀 계산에 돌입했는데, 지구에서 가장 나이가 많은 포유류를 발견한 게 틀림없었기 때문이다. 과학자들은 이누피아트 사람들의 이야기를 진지하게 받아들였고, 그들이 늙은 고래의 지방에서 돌이나 상아로 된 작살 촉을 자주 발견했다는 사실을 알게 되었는데, 그런 작살 촉은 산업 시대 이전에 만들어진 것이었다. 지금은 북극고래가 200년 이상 산다는 사실을 누구나 다 안다. 따라서 지금 북극해에서 헤엄치는 고래들 중 상당수는 허먼 멜빌Herman Melville이 『모비 딕Moby-Dick』(1851년)을 쓰기도 전에 태어났을 것이다!

그린란드상어

200세 고래는 같은 바다에 사는 오랜 친구에 비하면 어린아이에 불과한데, 그 친구는 그린란드상어이다. 그린란드상어는 200세가 되어도 이제 청소년기를 갓 넘긴 것에 불과하다. 북극고래가 모비 딕과 알고 지낸 사이라면, 그린란드상어는 오래전에 바이킹을 조우했을 것이다.

그린란드상어는 북극해의 얼음 밑에서 느릿느릿 움직이며 살아가며, 전체 대사 작용이 아주 느리다. 헤엄치는 속도는 시속 2km 미만이며, 몸무게가 수백 kg이나 나가는데도 하루에 100g의 먹이만 섭취해도 충분하다. 긴 수명의 한 가지 비밀은 여기에 있을지 모르는데, 모든 동작이 느리다 보니 시간의 흐름을 제대로 알아채지 못한

그린란드상어
Somniosus microcephalus

다. 그린란드상어는 다른 것들도 보지 못한다. 어린 시절에, 그러니까 100세쯤 됐을 때, 눈이 기생충으로 뒤덮여 시력을 잃고 만다. 하지만 그래도 큰 문제는 없다. 다른 감각들을 사용해 주변 세계를 지각하고 사냥하는 데 아무 지장이 없다. 어떤 사냥 기술을 쓰느냐고? 잠자는 먹이를 발견하고 슬슬 다가가는데, 너무나도 느리게 다가가기 때문에 상대방은 포식자가 접근하는 것을 전혀 눈치채지 못한다. 특히 잠이 깊이 드는 물범(물범은 우리처럼 꿈을 꾸는 극소수 포유류 중 하나이다)은 수백 살 먹은 상어의 좋은 먹이가 된다.

아이러니하게도 그린란드상어에게는 아무 쓸모가 없는 눈이 생물학자들에게 그 나이를 추정할 수 있는 단서를 제공한다. 사실, 눈의 수정체를 이루는 층들은 재생되지 않으면서 계속 자란다. 그래서 거기에 포함된 방사성 탄소 동위원소의 붕괴 정도를 측정해 나이를 계산할 수 있다. 이 분석에서 심지어 핵폭탄이 폭발한 해들도 알 수 있는데, 그 층에 다른 해들에 비해 방사성 탄소 동위원소가 더 많이 포함돼 있기 때문이다.

과학자들은 이 방법을 사용해 길이가 5m 정도인 그린란드상어의 나이를 272~512세로 추정한다. 하지만 더 크고 나이가 더 많은 개체를 대상으로 나이를 측정한 적은 없다. 그린란드상어는 몸길이가 7m까지 자라고 매우 느리게 자라기 때문에, 개중에는 800세를 거뜬히 넘는 상어도 있을 것이다.

세상에서 수명이 가장 긴 동물

수명이 가장 긴 동물은 포유류 중에서는 북극고래가 챔피언이다. 척추동물 전체에서는 그린란드상어가 챔피언이다. 하지만 범주를 더 넓히면, 비너스백합조개*Artica islandica*가 타의 추종을 불허한다. 한 표본이 2006년에 아이슬란드에서 우연히 잡혔다. 그 나이테(조개 껍데기에 생기는 줄무늬)를 세어보았더니, 이 조개는 1499년에 태어난 것으로 밝혀졌다. 그때는 중국은 명 왕조 중기였는데, 그래서 영어로 '명나라 조개'란 뜻으로 Ming clam(Ming은 '명'을 뜻한다)이란 이름이 붙었다.

대다수 과학 문헌에서는 비너스백합조개를 동물계에서 수명이 가장 긴 동물로 언급하지만, 사실은 이것은 우리처럼 왼쪽과 오른쪽이 거의 비슷한 좌우대칭동물만을 대상으로 삼은 기록이다. 동물계

비너스백합조개
Arctica islandica
507세

에서 우리와 아주 먼 갈래들에서는 수명이 1000년을 넘는 동물들이 다반사로 존재한다. 탄소-14 방사성 동위원소 연대 측정 결과에 따르면, 일부 산호는 4000년 이상을 산 것으로 드러났다. 281쪽에 나왔던 유리해면의 경우에는 이보다 더 많은 1만 1000년이 측정되었다. 남중국해의 수심 2000m에서 건져 올린 한 유리해면의 유리에 포함된 실리카와 게르마늄(저마늄)을 분석한 결과는 이 개체가 1만 7000년 이상을 살았다고 시사한다. 그렇다면 어떤 왕조나 문명보다 앞서 태어난 셈이니, 명나라 조개보다 이름을 짓기가 훨씬 어렵다.

젊음의 묘약

이렇게 수명이 긴 동물들을 접하면, 그 비결이 무척 궁금할 것이다. 늙지 않는 비결을 듣기 위해 바다의 므두셀라(노아의 할아버지로, 성경에 나오는 인물 중 가장 오래 살았는데, 969세에 죽었다고 한다.―옮긴이)를 만나러 굳이 북극해의 얼음 밑으로 모험을 떠날 필요까지는 없다. 왜냐하면 므두셀라 중 하나가 우리 가까이에 살고 있기 때문이다. 그 주인공은 바로 바닷가재이다.

바닷가재는 아르모리크Armorique(브르타뉴의 켈트식 옛 이름) 스타일로 조리하면 금방 상하지만, 살아 있는 동안은 영원히 젊음을 유지한다. 그 세포들은 절대로 늙지 않는데, 생물학자들이 그 이유를 알아냈다.

살아 있는 생물의 세포는 둘로 분열하면서 증식한다. 이 과정에

유럽바닷가재
Homarus gammarus
200세

서 DNA의 유전 정보를 포함하고 있는 염색체에 약간 이상이 생길 수 있다. 손상이 자주 생기는데, 특히 염색체 말단이 손상되기 쉽다. 다행히도 염색체 말단의 손상을 막기 위해 그것을 덮어 보호하는 부분이 있는데, 이를 텔로미어telomere(말단 소체라고도 함)라고 부른다. 텔로미어는 염색체 끝부분에 위치한 DNA 조각으로, 세포 분열이 일어날 때 일종의 보호막 역할을 한다. 세포 분열이 한 번 일어날 때마다 텔로미어는 충격을 고스란히 흡수하면서 염색체 DNA의 중요한 부분 대신에 손상을 입는다. 애석하게도 텔로미어는 매번 조금씩 짧아지는데, 세포 분열이 많이 일어난 뒤에는 너무 짧아져 더 이상 염색체를 보호할 수 없게 된다. 그러면 세포는 자신의 유전 물질을 보호하기 위해 분열을 멈춘다. 그리고 늙어가기 시작한다.

이러한 텔로미어 마모는 생물의 수명을 제약하는 주요 물리적 한계이다. 그런데 바닷가재는 이 한계를 극복하는 법을 알고 있다. 바닷가재는 텔로머레이스telomerase라는 효소를 만드는데, 이 효소는 손상된 텔로미어를 복구하는 능력이 있다. 포유류는 이 효소가 줄기세포와 생식세포에서만 만들어지지만, 바닷가재는 모든 세포에서 평생 동안 만들어진다. 따라서 세포들은 원하는 만큼 얼마든지 분열을 할 수 있고, 그래서 영원히 늙지 않는다.

하지만 바닷가재는 불사의 존재가 아니다. 지금까지 측정된 최고 수명은 140년이며, 200년 넘게 살 수도 있을 것으로 추정되지만, 한 가지 제약이 있다. 그것은 아주 비극적인 최후이다. 사실, 그 껍데기는 주기적으로 탈피를 통해 새것으로 교체되는데, 한 번 탈피를 할 때마다 더 두꺼워진다. 그래서 갈수록 껍데기를 부수기가 더 어려워진다. 결국 바닷가재는 자신의 껍데기 속에 갇히고 만다. 이렇게 바닷가재는 마침내 시간의 추격에 따라잡히고 말며, 비록 그 몸은 태어날 때처럼 젊음을 유지하지만, 자신의 껍데기 속에 갇힌 채 최후를 맞이한다.

처음부터 삶을 다시 시작하는 동물

동물계에서 수명이 가장 긴 동물은 영원한 젊음을 유지하는 바닷가재도, 1만 7000년이나 산 유리해면도 아니다. 그 주인공은 계통적으로 거리가 아주 먼 탑히드라속 해파리로, 역사에서 영원한 챔피언으로 남을 것이다. 탑히드라속 해파리가 반칙을 썼다고 주장할 수도 있다. 왜냐하면 탑히드라속 해파리는 영원히 죽지 않기 때문이다.

탑히드라속 해파리는 늙지 않을 뿐만 아니라, 젊음을 되찾는 방법도 알고 있다. 그래서 탑히드라속 해파리는 수명의 한계를 끝까지 늘릴 수 있다.

물론 그렇다고 해서 탑히드라속 해파리가 죽지 않는 것은 아니다. 포식자에게 쉽게 잡아먹히기도 하고 병에 걸려 죽기도 한다. 하지만 그러한 외부 요인이 없는 한, 탑히드라속 해파리는 죽을 이유가 없다.

탑히드라속 해파리 중에서 생물학적으로 불사의 존재는 지중해와 일본에 서식하는 홍해파리*Turritopsis dohrnii*와 카리브해에 사는 작은보호탑해파리*Turritopsis nutricula* 두 종이다. 우리는 이에 관련된 비밀을 전부 다 알아내지 못했지만, 이 해파리들이 시간의 고통을 느끼기 시작하는 순간부터 젊음을 되찾기 시작한다는 사실을 안다. 노화의 경로를 역전시켜 유생 단계, 즉 폴립 단계로 되돌아가는데, 그런 방식으로 몸의 세포들이 줄기세포로 돌아감으로써 어떤 기관이라도 다시 만들 수 있다. 그러면 해파리는 어린 상태로 되돌아가 처음부터 삶을 다시 시작하듯이 발달하기 시작한다. 실험을 통해 이러한 회춘은 무한히 반복될 수 있고, 해파리는 먹이가 부족하거나 신체가 손상되어 목숨이 위험에 처했을 때 이 방법을 쓴다는 사실이 밝혀졌다.

튀김옷을 입힌 200세 물고기?

해파리가 되었건 고래가 되었건, 우리는 이제 이 사실을 분명히 알게 되었다. 바다에서는 오래 사는 것이 아주 흔한 일이다. 대사 속도가 느려지는 차가운 바다에서는 특히 그렇다. 그래서 차가운 바다와 심해에 사는 동물들은 일반적으로 수명이 길다. 종종 엉뚱한 상업적 이름으로 쟁반에 올라오는 오렌지러피(황제러피라고도 함)나 대서양볼락 같은 물고기는 200세까지 살 수 있다. 하지만 수명이 긴 동물은 번식 속도가 아주 느리다. 어른으로 성장하는 데 걸리는 시간도 많이 걸려 이 종들은 남획에 더 취약하다. 따라서 그 개체군이 심각한 위험에 처해 있는 이 심해어들의 소비를 되도록 피하는 것이 중요하다. 이것은 생태학에 관련된 문제이지만, 나는 이 물고기들을 존중하는 측면과 윤리적 측면에서도 그래야 할 이유가 있다고 본다. 이 들은 살아 있는 존재 중 먼 과거의 마지막 목격자이고, 이들의 몸속에는 지구의 기억이 남아 있다. 개인적으로 나는, 살아 있는 사람 중 최연장자보다 나이가 더 많고 나폴레옹 시대에 태어난 생선을…… 먹고 싶지 않다!

실러캔스
Latimeria chalumnae

시간을 초월한 종

실러캔스와 먼 과거에서 온 종들

오래전에 사라졌다고 생각했던 동물이 유령처럼 슥 나타날 때
가 있다. 그런데 이들은 정말로 시간에 승리를 거두고 진화를
피한 것일까?

세기의 발견

이 모든 소동은 한 통의 전화로 시작되었다. 1938년 크리스마스 3일
전에 남아프리카공화국 이스트런던의 작은 박물관에서 전화벨 소리
가 울렸다. 박물관장이던 마저리 코트니-래티머Marjorie Courtenay-Latimer
가 전화를 받았다. 전화를 건 사람은 저인망 어선 네린호Nerin 선장
이었는데, 칼룸나강 앞바다 깊은 곳에서 끌어올린 그물에 기괴한 물
고기가 걸렸으니 와서 살펴보지 않겠느냐고 제안했다.

젊은 여성 박물관장은 현지 어부들이 과학계에 알려지지 않은
종을 종종 발견한다는 사실을 알고 있었다. 그래서 그전부터 그 지
역의 바닷물고기를 조사하기 위해 현지 선원들과 접촉해왔다. 그날
코트니-래티머는 경매장의 거품과 점액 사이에서 상어와 두툽상어
더미를 들어올리던 그곳에서 20세기 동물학 분야의 가장 획기적인

발견을 하리라고는 전혀 기대하지 않았다.

갑자기 물고기들 사이에서 기이하게 생긴 지느러미가 나타났다. 그리고 그때까지 본 것 중 가장 아름다운 물고기가 햇살에 그 모습을 드러냈다. 흰색 바탕에 파란색과 연보라색 점들이 흩어져 있었고, 파란색과 은색으로 영롱하게 빛났으며, 다리처럼 생긴 지느러미 4개와 "강아지 꼬리" 같은 기묘한 꼬리가 있었다. 코트니-래티머는 야외 현장에서건 책에서건 어디서도 이런 표본을 본 적이 없었다. 즉각 어류학자인 제임스 스미스James Smith 교수에게 전보로 이 소식을 알렸다. 며칠이 지나도 답장이 없자, 그 물고기를 묘사한 스케치와 함께 편지를 보냈다. 스미스 교수는 휴가에서 돌아오고 나서야 그 소식을 접했는데, 스케치만 보고서 그 정체를 바로 알아챘다. 그것은 실러캔스coelacanth라는 물고기였다. 다만 한 가지 문제가 있었는데, 생존 시기가 맞지 않았다. 이 물고기는 공룡이 사라진 것과 같은 시기인 6500만 년 전에 사라진 것으로 알려져 있었다.

네 발이 달린 물고기

이 발견은 너무나도 믿기 힘든 것이어서 스미스 교수는 학계에서 사기극으로 비난받을까 봐 두려워 몇 달 동안 발표하기를 망설였다. 발견한 동료와 장소의 이름을 따 라티메리아 칼룸나이Latimeria chalumnae라 이름 붙인 이 물고기는 오래전에 멸종되었다고 간주된 과에 속했을 뿐만 아니라, 이 과는 지느러미가 달린 오늘날의 물고기와 우리 같은 네발 동물 사이에서 정확하게 중간 위치에 있었다. 다리와 오리발의 형태가 절반씩 섞인 지느러미는 데본기에 최초로 물에서 뭍으로 나왔던 물고기를 연상시켰다.

애석하게도 1930년대의 남아프리카는 왓츠앱이나 냉장고가 없던 시절이어서 물고기가 부패해 사라지기 전에 조사를 끝마쳐야 했다. 박물관장은 과학적 조사를 기다리는 동안 적어도 피부만큼이라도 보존하기 위해 박제를 하는 수밖에 없었다. 따라서 더 자세한 것을 알려면 또 다른 표본을 구하는 것이 필수적이었다. 그래서 대대적인 실러캔스 추적이 시작되었는데, 스미스는 동아프리카 전역의 깊은 수심에서 고기잡이를 하는 어부들에게 전단지를 나눠주었다. 그러고 나서 14년 후, 코모로 제도의 한 섬에서 실러캔스가 또 한 마리 잡혔다.

겉모습만 볼 때, 바다에서 잡은 실러캔스와 화석에서 발견된 실러캔스는 정확하게 똑같아 보였다. 하지만 가장 최근에 발견된 실러캔스 화석, 그러니까 공룡이 멸종하기 직전에 살았던 실러캔스의 생활 방식은 오늘날 살아 있는 실러캔스와 아주 달랐다. 옛날의 실러캔스는 이베로-아르모리켄섬(훗날 프랑스의 일부가 된)의 얕은 초호에서 살았다. 그들의 네 다리는 맹그로브나무 사이의 얕은 물에서 기어다니는 데 유용했을 것이다. 그랬던 물고기가 어떻게 해서 수심이 100m가 넘는 해저 동굴에 숨어 살게 되었을까?

살아 있는 화석?

탐사가 진행됨에 따라 우리는 실러캔스에 대해 점점 더 많은 것을 알게 되었다. 지금은 살아 있는 실러캔스가 적어도 두 종이 있는 것으로 밝혀졌다. 한 종은 남아프리카에, 또 한 종은 인도네시아에 살고 있다. 실러캔스는 다리처럼 생긴 지느러미 외에도 폐의 흔적이 남아 있는데, 지방질 호주머니의 형태로 변해 부력을 조절하는 데 쓰인다. 실러캔스는 새끼를 낳는 태생 동물이고, 100년 이상 살 수 있다.

따라서 우리는 실러캔스의 이야기를 상상할 수 있다. 공룡의 멸종을 초래한 위기가 닥쳤을 때, 초호에 살던 실러캔스는 점차 깊은 바다에서 살아가는 생활 방식에 적응해갔다. 수면 가까이에서 공기를 호흡하는 데 도움을 주었던 폐는 기능이 바닥짐 역할로 바뀌었고, 바닥을 기어다니는 데 쓰였던 다리는 동굴 속 미로에서 헤엄치는 데 도움을 주는 방향타가 되었다. 이렇게 실러캔스가 그 밑에 화석이 거의 생기지 않는 토양이 있는 지역으로 피신해 살아가는 바람에 우리는 그동안 이 물고기가 멸종했다고 여겼다. 하지만 사실은 실러캔스는 그동안 새로운 환경에 적응해 살아왔다. 그리고 그러려면 진화를 하지 않을 수 없었다.

화석일까, 라스트 모히칸일까?

실러캔스처럼 선사 시대에 살았던 생물과 같은 생김새를 지닌 종을 흔히 살아 있는 화석이라고 부르는데, 이 용어는 비록 시적이긴 하지만 오해를 불러일으킬 수 있다. 사실, 실러캔스는 분명히 원시적인 생김새를 지녔고, 아주 오래전에 살았던 과科, family의 후손이지만, 그동안 진화를 하지 않은 것은 아니다. 어느 누구도 진화를 피할 수는 없다. 이 오랜 물고기는 우연히 조상의 겉모습을 그대로 유지하고 있을 뿐, 내부와 생활 방식은 깊은 바다의 삶에 적응해 변했다. 매우 원시적인 겉모습에도 불구하고, 실러캔스는 여러분과 나, 그리고 오늘날 살아 있는 모든 종과 마찬가지로 '진화'를 했다.

따라서 '살아 있는 화석'보다는 '라스트 모히칸'이라는 표현이 더 나을지 모른다. 무엇보다도 이 종들은 한때 그 당시의 환경에서 번성했지만 지금은 거의 멸종한 아주 오래된 과들을 대표하는 마지막 종들이다. 그 시대의 마지막 증인인 이들은 시간의 흐름에도 불구하고 거의 변하지 않은 겉모습으로 먼 과거에 살았던 조상들의 희미한 이미지를 전한다.

빨판이 달린 뱀파이어

실러캔스가 우리와 가장 가까운 물고기에 대한 개념을 제공한다면, 칠성장어는 반대로 가장 오래된 물고기를 시각화하는 데 도움을 준다. 칠성장어는 캄브리아기 초기에 나타난 가장 오래된 조상 물고기의 직계 후손이다. 그 당시에 이 조상 물고기는 눈이 3개 달려 있었는데, 위쪽에서 다가오는 잠재적 포식자를 발견하는 데 유용했을 것이다. 칠성장어에게도 그 흔적이 남아 있다. 정수리에 위치한 송과안은 아직도 특별히 발달한 상태로 남아 있다(235쪽 참고). 하지만 칠성장어의 가장 큰 특징은 턱이 없는 것인데, 이것은 최초의 물고기들이 공유한 특징이다.

　턱이 없어 물 수도 씹을 수도 없는 칠성장어는 빨판을 사용해 먹이를 섭취한다. 먹이의 몸속에 항응고 액체를 주입한 뒤에 피를 쭉쭉 빨아먹는다. 진화를 통해 턱이 발명된 사건은 약 4억 3000만

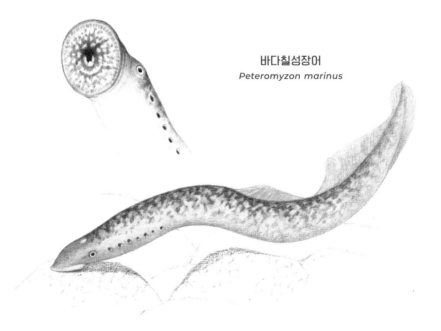

바다칠성장어
Peteromyzon marinus

년 전인 실루리아기에 가서야 일어났다. 이 발명은 물고기의 얼굴에 혁명을 가져왔다. 턱으로 무장한 물고기는 포식자가 될 수 있었고, 이전에는 접근할 수 없었던 생태적 지위ecological niche들을 점령해나갔다. 턱이 있는 물고기 집단(우리도 거기에 포함된다)은 아주 빠르게 다른 동물보다 생태적 지위를 선점해갔다. 오늘날 사람들은 칠성장어를 괴물처럼 생겼다고 여기지만, 먼 옛날에는 우리의 모든 조상이 그와 똑같이 생겼던 적이 있었다!

파란 피를 가진 거미

한때 번성했던 또 다른 괴물이 아메리카와 동남아시아 섬들의 해변에서 흔히 볼 수 있는데, 그 괴물의 이름은 투구게이다. 갑옷으로 둘러싸인 투구게는 너무나도 괴상하게 생겨 1979년에 제작된 영화 〈에일리언Alien〉에 나오는 외계 생명체를 만드는 데 영감을 주었다. 하지만 투구게는 지구에 사는 생명체인데, 약 4억 4500만 년 전인 고생대 오르도비스기 말에 나타나 지금까지 살아왔다. 투구게는 공룡을 멸종시킨 사건과 그보다 앞서 95%의 해양 생물 종을 멸종시킨 페름기-트라이아스기 대멸종을 포함해 다섯 번의 대멸종을 거치면서도 살아남았지만, 오늘날 또 다른 재앙 앞에서 큰 위기에 처해 있다. 그 재앙은 바로 사람이라는 종의 출현이다. 해안 서식지 파괴와 오염과 남획의 희생자가 되어 네 종의 투구게가 멸종 위기에 처해 있다. 투구게가 또 다른 지구 주민인 우리에게 매우 유용한 비밀을

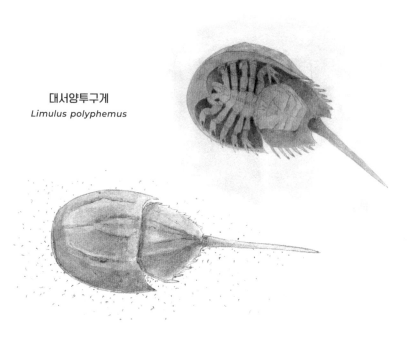

대서양투구게
Limulus polyphemus

간직하고 있다는 점에서 이 상황은 매우 안타깝다. 예컨대 투구게의 피에 그 비밀이 숨어 있다.

투구게의 피는 밝은 파란색이다. 투구게의 피가 파란 이유는 그 주성분이 헤모글로빈이 아니라…… 철 대신에 구리를 사용해 산소를 혈액세포에 들러붙게 하는 헤모시아닌이기 때문이다! 그런데 의학계에서 관심을 가진 것은 이 피의 면역 성질이다. 투구게는 우리와 달리 항체를 통해 획득하는 면역력이 없다. 질병으로부터 자신을 보호하기 위해 투구게의 피는 병원체와 접촉하면 응고하여 젤 상태가 된다. 따라서 이 피는 세균을 확인하는 시험에, 특히 백신 시험에 아주 유용하다. 오늘날 미국 동해안에서만 매년 약 50만 마리의 투구게가 잡히고 있다. 투구게가 희귀하기 때문에, 그 피 1리터는 자동차 한 대와 맞먹는 가격에 거래된다. 투구게를 보호하기 위한 노력으로 혈액만 채취한 뒤에 놓아주고 있지만, 이 행동조차도 투구게 개체군에 해를 끼친다. 다행히도 생물학에서 영감을 얻어 투구게의 피와 비슷한 성질을 지닌 인공 대체 물질이 얼마 전에 개발되었다.

시간 여행

실러캔스와 투구게뿐만 아니라 철갑상어, 산호, 해면처럼 살아 있는 화석은 지구에서 생물들이 살아간 여러 시대를 엿볼 수 있는 기회를 제공한다. 그리고 예컨대 앵무조개의 눈을 들여다보면서 머나먼 옛날의 바다를 꿈꿀 수 있다.

시간을 초월해 존재하는 종의 상징인 앵무조개를 바라보는 동안 우리는 암모나이트의 위대한 시대로 순간 이동한다. 조개껍데기로 둘러싸인 이 두족류가 바다의 지배자처럼 군림하던 시대로. 공룡보다 먼저 나타나 그 후로 모습이 전혀 변하지 않은 앵무조개는 우리를 4억 3000만 년 전의 세상으로 데려간다. 그러니 발견되길 기다리면서 보이지 않는 심해에 숨어 있는 다른 바다 동물들이 다음번에 우리에게 어떤 여행을 제공할지 누가 알겠는가?

나가며

　이 책이 끝나가고 마무리 글을 쓰려고 할 무렵에 새로운 바다의 천재들이 내 컴퓨터를 노크했다.

　고래에 관한 장을 마지막으로 손질하는 작업에 반쯤 몰입해 있던 나는 구글 뉴스에 눈길이 갔다. 그리고 콰쾅! 축구팀들의 뒷거래와 폭염 재난 소식 사이에 페루의 고생물학자들이 내가 쓴 장 전체를 뒤엎는 발견을 했다는 소식이 있었다.

　나는 대왕고래가 모든 시대를 통틀어 가장 큰 동물이라고 굳게 믿고 있었다. 세상의 모든 사람이 그렇게 믿었고, 필시 대왕고래도 그렇게 믿었을 것이다. 그런데 갑자기 안데스산맥의 사막에서 훨씬 거대한 고래의 유해가 발견되었다! 개당 약 100kg이 나가는 척추뼈들은 이 페루케투스 콜로수스_Perucetus colossus_가 가장 큰 대왕고래보다 수 톤이나 더 무거웠다고 시사한다. 이 고래는 우리가 상상해왔던 열역학의 물리적 한계를 더 상향시킬 것이다.

　며칠 뒤, 이번에는 산호와 해면에 관한 장을 다시 보고 있을 때, 또 다른 알림이 울렸다. 갈라파고스 제도 앞바다에서 해양학자들이 놀라운 산호초를 발견했다는 소식이었는데, 그곳 해저 화산 사면에 찬물에서 사는 아주 희귀한 산호가 가득 널려 있었다. 거의 알려지지 않은 이 산호는 수명이 수천 년이나 되며, 수온 변화를 견디는 능력이 아주 강하다. 여기서도 해저 '동물의 숲'에 관한 우리의 기존 지식을 뒤흔들어놓을 만큼 놀라운 발견이 일어날 가능성이 있다.

같은 주에 한 남극 탐사대는 완전히 새로운 생태계의 존재를 발견했다. 남극 대륙의 강들—빙관氷冠, ice cap 아래로 보이지 않게 흐르는 수로—이 바다로 흘러들어가는 지점에 생긴 강어귀가 있었는데, 오랫동안 얼음에 묻혀 숨겨져 있었다. 그런데 그곳에서 생명의 폭발이 관찰되었다. 수많은 절지동물과 기이한 세균, 산호가 있을 뿐만 아니라…… 환상적으로 다양한 불가사리도 있었는데, 그중에는 물결치는 깃털로 장식된 팔이 8개나 달린 것도 있었다! 얼음 밑에 숨겨진 채 존재해온 이 생태계의 기능은 제대로 연구되지 않았다. 그 결과는 바다에서 일어나는 에너지 교환에 대한 우리의 이해를 완전히 뒤엎을지도 모른다.

얼마 지나지 않아 모든 것을 다시 써야 할지도 모른다.

다른 발견들도 뒤따를 것이다. 알려지지 않았던 바다 동물들이 하나씩 차례로 심해에서 나타날 것이다. 이들은 우리가 알고 있는 지식을 확인하거나 부정하면서 매 페이지에서 이 책의 내용을 확 바꾸어놓을 것이다.

새로운 동물들은 이미 기술된 동물들보다 훨씬 뛰어난 재주를 보여줄 것이다. 우리가 알고 있는 기록들도 깨어질 것이다. 확실하다고 인정된 것들도 무너질 것이다. 지금 환상적으로 보이는 현상도 더욱 기묘한 현상 앞에서 평범한 것으로 전락하고 말 것이다.

매우 확고한 과학 이론 중 일부는 이 새로운 동물들이 지느러미를 한 번 퍼덕이는 것만으로 휙 쓸려가고 말 것이다. 전기가오리가 우리가 알고 있던 전기에 관한 지식을 와르르 무너뜨리고…… 훨씬 아름다운 새 이론을 제공한 것처럼 말이다.

과학의 운명은 늘 그랬다. 과학 연구 성과는 그 순간에 우리가 아는 것을 반영한 결과물일 뿐이다. 유일하게 절대적으로 확실한 것은 모든 것은 언젠가 의문이 제기될 것이라는 사실이다.

이 점에서 과학은 바다와 비슷하다. 항상 뭔가 새로운 것이 나타난다. 모든 것을 이해했다고 생각한 순간 아무도 예측하지 못한 지느러미나 생각이 나타난다. 이것은 미지의 세계를 아주 매력적으로 만드는 요소이다.

바다 생물은 매일 고갈되지 않는 놀라움과 경이로움의 잠재력을 제공한다. 정교한 잠수정까지는 필요 없다. 그곳으로 모험을 떠날 생각이 있는 사람이라면 누구나 단순한 잠수 마스크만으로도 새로운 만남을 경험할 수 있다. 심지어 익히 잘 아는 장소라도 괜찮다. 작은 웅덩이라도 그곳에는 우리가 전혀 예상하지 못한 것들이 기다리고 있다.

그러니 망설이지 마라. 물속으로 뛰어들어 그들을 만나보라. 나는 바다의 천재들도 여러분을 몹시 만나고 싶어 할 것이라고 생각한다.

감사의 말

만약 이 책이 세상에 나온다면, 누구보다도 에티엔 기용Étienne Guyon의 공이 크다. 나는 바다의 천재들도 산의 위대한 천재이자 과학의 시인, 경이로운 물리학자인 기용에게 나름대로 경의를 표하길 바란다. 그리고 그의 아내인 마리-이본Marie-Yvonne도 이 이야기들에 큰 관심을 보일 텐데, 이 이야기들은 그녀의 이야기들이기도 하다.

로셰르드로크브륀의 동굴들과 오솔길들, 에스테렐의 브라운 미거와 참바리, 그리고 그들의 절친인 크리스티앙 쿠니용Christian Counillon에게도 감사드린다. 그와 함께 잠수와 등산을 하는 동안 우리는 개념들을 자리돔 무리가 춤추는 것보다 더 빨리 발전시킬 수 있었다.

원고 상태에서부터 인쇄에 이르기까지 배를 목적지까지 훌륭하게 운전해준 엘로이즈 비예트Héloïse Billette에게, 그리고 이 여행을 위해 지원을 아끼지 않은 플라마리옹 출판사의 모든 선원에게 감사드린다.

아름다운 추천사와 조언을 제공한 클레르 누비앙과 여러 나라의 과학 전문가들에게 감사드린다. 아이디어와 강의, 토론, 세심한 의

견 제시를 통해 이 책에 빛을 던져준 전문가들은 다음과 같다. 올리비에 아담Olivier Adam, 프레데리크 베르투치Frédéric Bertucci, 파스칼 쇼사Pascal Chossat, 에릭 클뤼아Éric Clua, 필리프 쿠르빌Philippe Courville, 파트릭 다르슈빌Patrick Darcheville, 뤼도비크 디켈Ludovic Dickel, 파올로 도메니치Paolo Domenici, 아나엘 뒤르포르Anaëlle Durfort, 플로랑 피공Florent Figon, 고야나기 미쓰마사小柳光正, 얀 르리에브르Yann Lelièvre, 아니크 레스네Annick Lesne, 제앙-에르베 리뇨Jehan-Hervé Lignot, 로이크 림팔레르Loïc Limpalaër, 세브린 마르티니Séverine Martini, 날라니 슈넬Nalani Schnell, 존 플렝 스테펜슨John Fleng Steffensen, 데라키타 아키히사寺北明久.

그리고 시간을 내 바다의 천재들을 관찰하고 보호해줄 여러분 모두에게 감사드린다.

그림 출처

찾아보기

옮긴이 이충호

서울대학교 사범대학 화학과를 졸업했다. 현재 과학 전문 번역가로 활동하고 있다. 2001년 『세계를 변화시킨 12명의 과학자』로 우수과학도서 번역상(한국과학문화재단)을, 『신은 왜 우리 곁을 떠나지 않는가』로 제20회 한국과학기술도서 번역상(대한출판문화협회)을 받았다. 옮긴 책으로는 『사라진 스푼』, 『바이올리니스트의 엄지』, 『뇌과학자들』, 『카이사르의 마지막 숨』, 『원자 스파이』, 『과학 잔혹사』, 『미적분의 힘』, 『진화심리학』, 『차이에 관한 생각』, 『인간이 되다』, 『불안 세대』 등 다수 있다.

바다의 천재들

1판 1쇄 2024년 12월 20일
1판 2쇄 2025년 1월 15일

지은이 빌 프랑수아 ㅣ **그린이** 발랑틴 플레시
옮긴이 이충호

책임편집 조은화
디자인 이강효
마케팅 이보민 양혜림 손아영

펴낸곳 (주)북하우스 퍼블리셔스 ㅣ **펴낸이** 김정순
출판등록 1997년 9월 23일 제406-2003-055호

주소 04043 서울시 마포구 양화로 12길 16-9(서교동 북앤빌딩)
전화 02-3144-3123 ㅣ **팩스** 02-3144-3121
전자우편 editor@bookhouse.co.kr ㅣ **홈페이지** www.bookhouse.co.kr
인스타그램 @henamu_official

ISBN 979-11-6405-295-0 03470